西沙群岛常见植物图谱

海南省生态环境监测中心 编著

THE
XISHA
ISLANDS
ATLAS
OF
COMMON
PLANTS

中国环境出版集团 · 北京

图书在版编目（CIP）数据

西沙群岛常见植物图谱 / 海南省生态环境监测中心编著. — 北京：
中国环境出版集团, 2021.10
 ISBN 978-7-5111-4919-0

 Ⅰ.①西… Ⅱ.①海… Ⅲ.①西沙群岛—植物—图谱
 Ⅳ.①Q948.526.6-64

中国版本图书馆CIP数据核字(2021)第212224号

西沙群岛常见植物图谱
XISHA QUNDAO CHANGJIAN ZHIWU TUPU

出 版 人	武德凯	
责任编辑	曲 婷	
责任校对	任 丽	
封面设计	王春声	

出版发行 **中国环境出版集团**
 （100062 北京市东城区广渠门内大街16号）
　网　　址：http://www.cesp.com.cn
　电子邮箱：bjgl@cesp.com.cn
　联系电话：010-67112765（编辑管理部）
　发行热线：010-67125803，010-67113405（传真）

印　　刷	北京中献拓方科技发展有限公司	
经　　销	各地新华书店	
版　　次	2021年10月第1版	
印　　次	2021年10月第1次印刷	
开　　本	880×1230 1/16	
印　　张	16.25	
字　　数	150千字	
定　　价	120.00元	

THE XISHA ISLANDS
ATLAS OF
COMMON PLANTS

编委会

主　编　　史建康　钟琼芯　李东海

副主编　　赵俊福　邹　伟　颜为军

THE XISHA ISLANDS ATLAS OF
COMMON PLANTSTHE

PREFACE

　　西沙群岛位于海南岛东南方向，共有岛屿 32 座，陆地面积约 8 km²，主要为热带珊瑚岛屿。受自然条件的影响，西沙群岛的植被比较年轻，多为处于演替前期阶段的植被，植被与邻近大陆及大陆岛屿相比较为简单，植被组成以热带性为主，植物种类相对较少。近年来，随着三沙市的发展，西沙群岛植物物种也有所增加。自 2011 年以来，本书编者先后 7 次前往西沙群岛开展生态环境调查工作。本书为历次调查所记录的主要物种和照片，共涉及植物 173 种，隶属 61 科 140 属。本书植物图片均为西沙岛屿现场采集，受条件限制，部分岛屿未能开展现场调查，本书为西沙永兴岛、赵述岛、北岛、西沙洲、晋卿岛和甘泉岛等岛屿主要常见植物图谱。

　　本书由 2018 年海南省重点研发项目（项目编号：2018175）资助，现场调查工作中得到海南省生态环境厅、海南大学、海南师范大学、三沙市政府等相关部门的大力支持，同时，本书编者参考了《中国植物志》《海南植物志》和《云南植物志》等文献资料。在此，谨向上述部门和文献作者表示衷心的感谢。

　　由于编者水平有限，书中的错误和疏漏在所难免，敬请广大读者批评指正。

编者

2021 年 7 月于海口

目录
CONTENTS

◆ **金星蕨科 Thelypteridaceae** ———— 001

华南毛蕨 ———— 001

肾蕨科 Nephrolepidaceae ———— 002

肾蕨 ———— 002

苏铁科 Cycadaceae ———— 003

苏铁 ———— 003

罗汉松科 Podocarpaceae ———— 004

短叶罗汉松 ———— 004

樟科 Lauraceae ———— 005

无根藤 ———— 005

莲叶桐科 Hernandiaceae ———— 007

◆ 莲叶桐 ———— 007

防己科 Menispermaceae ———— 008

粪箕笃 ———— 008

白花菜科 Cleomaceae ———— 009

臭矢菜 ———— 009

皱子白花菜 ———— 010

十字花科 Brassicaceae ———— 012

长羽裂萝卜 ———— 012

番杏科 Aizoaceae ———— 013

长梗星粟草（簇花粟米草） —— 013

海马齿 —— 014

马齿苋科 Portulacaceae —— 016

马齿苋 —— 016

多毛马齿苋 —— 017

苋科 Amaranthaceae —— 018

土牛膝（南蛇牙草） —— 018

反枝苋 —— 020

野苋 —— 022

刺苋 —— 023

空心莲子草（喜旱莲子草） —— 024

青葙 —— 025

蒺藜科 Zygophyllaceae —— 026

大花蒺藜 —— 026

蒺藜 —— 027

落葵科 Basellaceae —— 028

心叶落葵薯 —— 028

酢浆草科 Oxalidaceae —— 029

酢浆草 —— 029

千屈菜科 Lythraceae —— 030

水芫花 ———— 030

紫茉莉科 Nyctaginaceae ———— 032

华黄细心 ———— 032

白花黄细心 ———— 033

宝巾（三角梅，光叶子花） ———— 034

白避霜花（抗风桐） ———— 035

西番莲科 Passifloraceae ———— 037

龙珠果 ———— 037

葫芦科 Cucurbitaceae ———— 038

西瓜 ———— 038

红瓜 ———— 040

黄瓜 ———— 041

甜瓜 ———— 043

南瓜 ———— 044

葫芦瓜 ———— 046

丝瓜 ———— 047

苦瓜 ———— 049

番木瓜科 Caricaceae ———— 050

番木瓜 ———— 050

仙人掌科 Cactaceae ———— 052

仙人掌 —————— 052

桃金娘科 Myrtaceae —————— 054

番石榴 —————— 054

洋蒲桃（莲雾） —————— 055

红鳞蒲桃（红车） —————— 056

使君子科 Combretaceae —————— 057

使君子 —————— 057

榄仁树 —————— 058

小叶榄仁 —————— 060

藤黄科 Clusiaceae —————— 061

红厚壳 —————— 061

椴树科 Tiliaceae —————— 063

铺地刺蒴麻 —————— 063

梧桐科 Sterculiaceae —————— 064

蛇婆子 —————— 064

锦葵科 Malvaceae —————— 065

磨盘草 —————— 065

海岛棉 —————— 066

重瓣朱瑾 —————— 067

黄槿（黄木槿） —————— 068

圆叶黄花稔 —————— 069

榛叶黄花稔 —————— 070

金虎尾科 Malpighiaceae —————— 071

西印度樱桃（光叶金虎尾） —————— 071

大戟科 Euphorbiaceae —————— 072

麻叶铁苋菜 —————— 072

秋枫 —————— 074

变叶木 —————— 076

海滨大戟 —————— 078

猩猩草 —————— 080

飞扬草 —————— 081

千根草 —————— 083

火殃簕（金刚纂） —————— 085

琴叶珊瑚 —————— 086

龙眼睛（小果叶下珠） —————— 087

蓖麻 —————— 089

含羞草科 Mimosaceae —————— 091

美蕊花（朱缨花） —————— 091

银合欢 —————— 092

巴西含羞草 —————— 094

◆ 含羞草 —————— 095

苏木科 Caesalpiniaceae —————— 096

刺果苏木 —————— 096

凤凰木 —————— 097

黄槐决明 —————— 099

酸豆 —————— 101

蝶形花科 Papilionaceae —————— 102

链荚豆 —————— 102

海刀豆 —————— 104

三点金 —————— 105

灰叶（灰毛豆） —————— 106

◆ 滨豇豆 —————— 108

豇豆（豆角） —————— 109

短豇豆（眉豆） —————— 110

降香檀（花梨） —————— 111

木麻黄科 Casuarinaceae —————— 112

木麻黄 —————— 112

桑科 Moraceae —————— 114

高山榕 —————— 114

笔管榕 —————— 115

◆ 黄葛树 —————— 116

厚叶榕 —————— 117

鼠李科 Rhamnaceae —————— 118

蛇藤 —————— 118

苦木科 Simaroubaceae —————— 119

海人树 —————— 119

楝科 Meliaceae —————— 121

米仔兰 —————— 121

苦楝（楝） —————— 123

五加科 Araliaceae —————— 125

澳洲鸭脚木 —————— 125

鹅掌藤 —————— 126

斑叶鹅掌藤 —————— 127

伞形花科 Apiaceae —————— 128

胡萝卜 —————— 128

山榄科 Sapotaceae —————— 129

人心果 —————— 129

马钱科 Loganiaceae —————— 130

灰莉 —————— 130

夹竹桃科 Apocynaceae —————— 132

软枝黄蝉 ——— 132

糖胶树 ——— 133

长春花 ——— 135

夹竹桃 ——— 137

红鸡蛋花 ——— 138

鸡蛋花 ——— 139

茜草科 Rubiaceae ——— 141

海岸桐 ——— 141

伞房花耳草 ——— 143

宫粉龙船花 ——— 145

海巴戟天（海滨木巴戟） ——— 146

光叶丰花草 ——— 148

菊科 Asteraceae ——— 149

鬼针草 ——— 149

香丝草 ——— 151

一点红 ——— 152

飞机草 ——— 154

薇甘菊 ——— 156

假臭草 ——— 157

南美蟛蜞菊 ——— 158

李花蟛蜞菊 ———— 159

羽芒菊 ———— 161

鳢肠 ———— 163

草海桐科 Goodeniaceae ———— 164

草海桐 ———— 164

紫草科 Boraginaceae ———— 166

基及树 ———— 166

橙花破布木 ———— 167

银毛树 ———— 168

茄科 Solanaceae ———— 170

辣椒 ———— 170

番茄 ———— 171

夜香树 ———— 172

白花曼陀罗（洋金花） ———— 173

小酸浆 ———— 175

茄 ———— 176

疏刺茄 ———— 177

少花龙葵 ———— 178

旋花科 Convolvulaceae ———— 179

空心菜（蕹菜） ———— 179

番薯 _____ 180

厚藤 _____ 181

长管牵牛（管花薯） _____ 183

紫葳科 Bignoniaceae _____ 184

吊瓜树（吊灯树，腊肠树） _____ 184

爵床科 Acanthaceae _____ 185

翠芦莉（蓝花草） _____ 185

宽叶十万错 _____ 186

马鞭草科 Verbenaceae _____ 188

苦郎树 _____ 188

假连翘 _____ 190

马缨丹 _____ 191

假马鞭 _____ 192

芭蕉科 Musaceae _____ 193

旅人蕉 _____ 193

黄丽鸟蕉（黄蝎尾蕉） _____ 194

姜科 Zingiberaceae _____ 195

姜 _____ 195

百合科 Liliaceae _____ 196

小花龙血树（海南龙血树） _____ 196

天南星科 Araceae —— 197

野芋 —— 197

绿萝 —— 198

石蒜科 Amaryllidaceae —— 199

葱 —— 199

韭菜（韭） —— 200

水鬼蕉 —— 201

龙舌兰科 Agavaceae —— 202

金边龙舌兰 —— 202

剑麻 —— 203

朱蕉 —— 204

棕榈科 Arecaceae —— 205

短穗鱼尾葵 —— 205

散尾葵 —— 206

椰子 —— 207

酒瓶椰子 —— 208

蒲葵 —— 209

海枣 —— 210

露兜树科 Pandanaceae —— 211

红刺露兜（扇叶露兜树） —— 211

露兜树 ———— 212

莎草科 Cyperaceae ———— 213

香附子 ———— 213

禾本科 Poaceae ———— 214

青皮竹 ———— 214

银边草 ———— 215

蒺藜草 ———— 216

龙爪茅 ———— 218

牛筋草 ———— 219

红毛草 ———— 220

沙丘草（蒭雷草） ———— 221

玉蜀黍（玉米） ———— 222

细叶结缕草 ———— 223

虎尾草 ———— 224

种中文名索引（按笔画） ———— 225

金星蕨科

Thelypteridaceae

华南毛蕨

Cyclosorus parasiticus (Linn.) Farwell.

金星蕨科，毛蕨属。根茎横走，被鳞片；叶近生；叶柄纤细，密被灰白短毛；叶片椭圆披针形，顶端渐尖并羽状分裂，二回羽裂；叶纸质，两面被毛；孢子囊群圆形，着生于小脉中部。

生境：生长在海拔 90-1900m 的山谷林下、溪边、路旁阴湿处。常见。

分布：永兴岛。三亚、乐东、东方、昌江、五指山、保亭、陵水、万宁、琼中、儋州、屯昌。云南、贵州、四川、广东、广西、浙江、福建、台湾。广布于全球热带地区①。

图为华南毛蕨，拍摄于永兴岛

① 植物分布区域按西沙岛屿、海南省各市县、其他省份、世界各地，由小及大的层次介绍。全书同。

肾蕨科

Nephrolepidaceae

肾蕨

Nephrolepis Cordifolia (Linnaeus) C. Presl

肾蕨科，肾蕨属。附生或土生。根状茎直立，被棕色鳞片，下部有棕褐色铁丝状匍匐茎；叶簇生，暗褐色，密被淡棕色线形鳞片；叶片线状披针形或狭披针形，一回羽状，羽状多数，互生；叶脉明显，侧脉纤细，自主脉向上斜出；叶坚草质或草质；孢子囊群成 1 行位于主脉两侧，肾形；囊群盖肾形，褐棕色，边缘色较淡，无毛。

生境：溪边林下，山地林中石上或树干上。常见。耐旱。常作绿化栽培植物。

分布：永兴、甘泉等岛屿有栽培。乐东、东方、昌江、五指山、保亭、琼中、儋州、琼海和南沙群岛。浙江、福建、台湾、湖南、广东、广西、贵州、云南和西藏均有分布。广布于全世界热带及亚热带地区。

图为肾蕨，拍摄于永兴岛

苏铁科

Cycadaceae

苏铁

Cycas revoluta Thunb.

苏铁科，苏铁属。常绿木本。树干直立；树皮暗褐色，粗糙，有明显叶痕与叶基；羽状叶从茎顶生出，整个羽状叶呈倒卵状狭披针形；羽状裂片条形，厚革质；雄球花圆柱形，有短梗，小孢子叶窄楔形，有龙骨状突起，下着生小孢子囊，通常 3 个聚生；大孢子叶扁平，密被灰黄色绒毛，叶柄的两侧着生胚珠 2-6 枚；种子倒卵圆形，红褐色或橘红色。花期 6-7 月，种子 10 月成熟。

生境：栽培植物。喜暖热湿润的环境。不耐寒冷。耐盐耐旱。

分布：永兴岛有栽培。三亚、万宁、儋州、海口等地有栽培，较为普遍，多分布于华南地区。印度尼西亚、菲律宾以及日本南部也有分布。

图为苏铁，拍摄于永兴岛

罗汉松科

Podocarpaceae

短叶罗汉松

Podocarpus macrophyllus var. *maki* Siebold & Zuccarini

罗汉松科，罗汉松属。小乔木。树皮褐黄微带白色，纵裂；小枝无毛或具毛。叶螺旋状排列，常密集于小枝上部，革质，线状椭圆形，先端钝尖，基部楔形，具短柄，两面中脉隆起，上面光绿色，下面淡绿色边缘向下反卷。雄球花单生，圆柱状；雌花单生。种子圆球形或椭圆形，着生于宽圆柱状的肉质种托上。花期4-6月，种子秋季或秋后成熟。

生境：常生于中海拔常绿阔叶林中。

分布：甘泉岛有栽培。琼中、保亭、白沙。江苏、浙江、福建、江西、湖南、湖北、陕西、四川、云南、贵州、广西、广东等省（区）均有栽培，作庭院树；北京有盆栽。原产中国大陆、日本。

图为短叶罗汉松，拍摄于甘泉岛

樟科

Lauraceae

无根藤

Cassytha filiformis Linn.

樟科，无根藤属。寄生缠绕草本植物，借盘状吸根攀附于寄主植物上。茎线形，绿色或绿褐色；叶退化为鳞片；穗状花序，花小，白色，无梗，花被裂片6，排成2轮，雄蕊9，排成3轮；子房卵珠形，浆果小，卵球形。花、果期4-12月。

生境：生长在疏林或灌丛中。常见。本植物对寄主有害，已对西沙岛屿植物产生较大危害。．

分布：永兴岛、西沙洲、赵述岛、晋卿岛、甘泉岛、东岛。三亚、东方、昌江、陵水、万宁、儋州、临高、琼海和南沙群岛。云南、贵州、广西、广东、湖南、江西、浙江、福建及台湾等省（区）有分布。热带亚洲、非洲以及澳大利亚也有分布。

图为无根藤，拍摄于永兴岛

图为无根藤，拍摄于东岛

莲叶桐科

Hernandiaceae

莲叶桐

Hernandiaceae nymphaeifolia (C. Presl) Kubitzki

　　莲叶桐科，莲叶桐属。常绿乔木。树皮光滑；单叶互生，心状圆形，盾状，先端急尖，基部圆形至心形，纸质，全缘；叶柄几与叶片等长；聚伞花序或圆锥花序腋生；花梗被绒毛；每个聚伞花序具苞片4。花单性同株，两侧为雄花，具短的小花梗；子房下位，花柱短，柱头膨大，不规则的齿裂，具不育雄蕊4。果为1膨大总苞所包被，肉质，具肋状凸起；种子1粒，球形，种皮厚而坚硬。花、果期全年。

　　生境：生长在海滨平地沙质土壤的疏林中或海边沙滩，耐盐耐旱。

　　分布：西沙洲有栽培。三亚、琼海、文昌。我国台湾南部。亚洲、大洋洲、非洲沿海岛屿也有分布。

图为莲叶桐，
拍摄于西沙洲

防己科

Menispermaceae

粪箕笃

Stephania longa Lour.

　　防己科，千金藤属。草质藤本。枝纤细，有条纹；叶纸质，三角状卵形；复伞形聚伞花序腋生；核果红色。花、果期 4-9 月。

　　生境：村边林缘、灌丛或旷野灌丛中。常见。

　　分布：永兴岛。海南各地。云南东南部、广西、广东、海南、福建和台湾均有分布，越南、老挝也有分布。

图为粪箕笃，拍摄于永兴岛

白花菜科

Cleomaceae

臭矢菜

Cleome viscosa L.

　　白花菜科，白花菜属。一年生直立草本。分支被黏质腺毛；茎淡绿色，具纵槽沟，叶具柄，小叶 3-5 片，倒卵形或倒卵状长圆形，基部楔形；总状花序顶生，具叶状 3 裂的苞片；花梗被毛；萼片 4，披针形；花瓣黄色，狭倒卵形；雄蕊 16-20 枚，花丝短。花期 3-11 月，果期 6 月至翌年 3 月。

　　生境：旷野荒地上。耐盐耐旱。常见。

　　分布：永兴岛、赵述岛、晋卿岛、甘泉岛、银屿。乐东、东方、昌江、白沙、保亭、陵水、万宁、儋州、澄迈。广布于热带地区。

图为臭矢菜，拍摄于永兴岛

皱子白花菜

Cleome rutidosperma DC. Prodr.

白花菜科，白花菜属。一年生草本。茎直立、开展或平卧，分枝疏散，无刺，茎、叶柄及叶背脉上疏被无腺疏长柔毛。叶具3小叶；小叶椭圆状披针形，顶端急尖或渐尖、钝形或圆形，基部渐狭或楔形，几无小叶柄，边缘有具纤毛的细齿，中央小叶最大，侧生小叶较小，两侧不对称。花单生于茎上部叶具短柄叶片较小的叶腋内；花梗纤细；萼片4，绿色，分离，狭披针形，顶端尾状渐尖，背部被短柔毛，边缘有纤毛；花瓣4；花盘不明显，雄蕊6；子房线柱形，无毛，有些花中子房不育；花柱短而粗，柱头头状。果线柱形，表面平坦或微呈念珠状，两端变狭，顶端有喙；果瓣质薄，有纵向近平行脉，常自两侧开裂。种子近圆形，背部有20-30条横向脊状皱纹，皱纹上有细乳状突起，爪开张，彼此不相连，爪的腹面边缘有一条白色假种皮带。花果期6-9月。

生境： 生于路旁草地、荒地、苗圃、农场，常为田间杂草。

分布：晋卿岛。海南各地有分布。广东、台湾、云南、浙江、湖南也有分布。原产热带西非洲，西印度群岛、菲律宾、印度尼西亚、新加坡、泰国、缅甸、马来西亚等泛热带地区广布。

图为皱子白花菜，拍摄于晋卿岛

十字花科

Brassicaceae

长羽裂萝卜

Raphanus sativus var. longipinnatus L.

　　十字花科，萝卜属。二年或一年生粗壮草本；直根肉质，长圆形，外皮白色；基生叶长而窄，有裂片 8-12 对，无毛或有硬毛。花期 4-5 月，果期 5-6 月。

　　生境：栽培植物。喜阳耐寒。

　　分布：永兴岛、赵述岛均有栽培。海南有栽培。原产亚洲温带地区，世界各地广泛栽培。

图为长羽裂萝卜，拍摄于永兴岛

番杏科

Aizoaceae

长梗星粟草（簇花粟米草）

Glinus oppositifolius (L.) A.DC.

　　番杏科，星粟草属。铺散一年生草本。分枝多，被微柔毛或近无毛。叶 3-6 片假轮生或对生，叶片匙状倒披针形或椭圆形，顶端钝或急尖，基部狭长，边缘中部以上有疏离小齿。花通常 2-7 朵簇生，绿白色、淡黄色或乳白色；花梗纤细；花被片 5，长圆形，3 脉，边缘膜质；雄蕊 3-5，花丝线形；花柱 3。蒴果椭圆形，稍短于宿存花被，种子栗褐色，近肾形，具多数颗粒状凸起，假种皮较小，围绕种柄稍膨大呈棒状；种阜线形，白色。花果期几乎全年。

生境：海边沙地或空旷草地，耐盐耐旱。

分布：永兴岛、赵述岛、晋卿岛。三亚、东方、昌江、陵水、琼海、儋州、海口。热带亚洲、热带非洲以及澳大利亚北部也有分布。

图为长梗星粟草，拍摄于永兴岛

海马齿

Sesuvium portulacastrum (L.) L

　　番杏科，海马齿属。多年生肉质草本。茎平卧或匍匐，绿色或红色，有白色瘤状小点，多分枝，常节上生根。叶片厚，肉质，线状倒披针形或线形，顶端钝，中部以下渐狭成短柄状，基部变宽，边缘膜质，抱茎。花小，单生叶腋；具花梗；花被具裂片5，卵状披针形，外面绿色，里面红色，边缘膜质，顶端急尖；雄蕊15-40，着生花被筒顶部，花丝分离或近中部以下合生；子房卵圆形，无毛，花柱3，稀4或5。蒴果卵形，长不超过花被，中部以下环裂；种子小，亮黑色，卵形，顶端凸起。花期4-7月。

　　生境：海岸沙地或珊瑚石缝中，有时也见于季节性的沼泽或咸水小湖边。海边常见。耐盐耐旱。

　　分布：永兴岛、赵述岛、东岛、石岛。东方、儋州和南沙群岛。福建、台湾、广东有分布。广布于全世界热带、亚热带海滨地区。

图为海马齿，拍摄于永兴岛

马齿苋科

Portulacaceae

马齿苋

Portulaca oleracea Linn.

马齿苋科，马齿苋属。一年生草本，全株无毛。茎伏地铺散，多分枝，圆柱形，淡绿色或带暗红色。叶互生，有时近对生，叶片扁平，肥厚，倒卵形，似马齿状，基部楔形，全缘；叶柄粗短。花无梗；花瓣5，稀4，黄色，倒卵形，基部合生；蒴果卵球形，盖裂；种子细小，多数偏斜球形，黑褐色，有光泽。花期5-8月，果期6-9月。

生境：海边沙地、空旷地、路旁或耕地。常见。耐盐耐旱。

分布：永兴岛、赵述岛、北岛、南沙洲、晋卿岛、甘泉岛、银屿。海南各地有分布。广布于世界热带至温带地区。

图为马齿苋，
拍摄于永兴岛

多毛马齿苋

Portulaca pilosa Linn.

　　马齿苋科，马齿苋属。一年生或多年生草本。茎密丛生，铺散，多分枝。叶互生，叶片近圆柱状线形或钻状狭披针形，腋内有长疏柔毛，茎上部较密。花无梗，密生长柔毛；花瓣 5，膜质，红紫色，宽倒卵形，基部合生；蒴果卵球形，蜡黄色，有光泽，盖裂；种子小，深褐黑色，有小瘤体。花、果期 5-8 月。

　　生境： 海边沙地。常见。耐盐耐旱。

　　分布： 永兴岛、晋卿岛。东方、昌江、五指山。福建、台湾、广东、广西、云南（南部）有分布。世界热带地区也有分布。

图为多毛马齿苋，拍摄于永兴岛

苋科

Amaranthaceae

土牛膝（南蛇牙草）

Achyranthes aspera Linn.

苋科，牛膝属。多年生草本；根细长，土黄色；茎四棱形，有柔毛，节部稍膨大，分枝对生。叶片纸质，宽卵状倒卵形或椭圆状矩圆形，顶端圆钝，具突尖，基部楔形或圆形，全缘或波状缘，两面密生柔毛，或近无毛；叶柄密生柔毛或近无毛。穗状花序顶生，直立，花期后反折；总花梗具棱角，粗壮，坚硬，密生白色伏贴或开展柔毛；花疏生；苞片披针形，顶端长渐尖，小苞片刺状，坚硬，光亮，常带紫色，基部两侧各有 1 个薄膜质翅，全缘，全部贴生在刺部，但易于分离；花被片披针形，长渐尖，花后变硬且锐尖，具 1 脉；退化雄蕊顶端截状或细圆齿状，有具分枝流苏状长缘毛。胞果卵形。种子卵形，不扁压，棕色。花期 6-8 月，果期 10 月。

生境： 疏林中或村庄空旷地。常见。耐旱。

分布： 永兴岛、赵述岛、北岛、晋卿岛。三亚、乐东、东方、五指山、万宁、澄迈。湖南、江西、福建、台湾、广东、广西、四川、云南、贵州有分布。越南、泰国、老挝、柬埔寨、菲律宾、马来西亚、印度尼西亚、斯里兰卡、尼泊尔、不丹、印度以及亚洲西南部和非洲、欧洲也有分布。

图为土牛膝，拍摄于永兴岛

反枝苋

Amaranthus retroflexus Linn.

苋科，苋属。一年生草本。茎直立，粗壮，单一或分枝，淡绿色，有时具带紫色条纹，稍具钝棱，密生短柔毛。叶片菱状卵形或椭圆状卵形，顶端锐尖或尖凹，有小凸尖，基部楔形，全缘或波状缘，两面及边缘有柔毛，下面毛较密；叶柄多淡绿色，有柔毛。圆锥花序顶生及腋生，直立，由多数穗状花序形成，顶生花穗较侧生者长；苞片及小苞片钻形，白色；花被片矩圆形或矩圆状倒卵形，薄膜质，白色，有 1 淡绿色细中脉，顶端急尖或尖凹，具凸尖；胞果扁卵形，环状横裂，薄膜质，淡绿色，包裹在宿存花被片内。种子近球形，棕色或黑色，边缘钝。花期 7-8 月，果期 8-9 月。

生境： 田旁、路旁、宅旁的草地上，有时生在瓦房上。耐旱。

分布： 赵述岛。黑龙江、吉林、辽宁、内蒙古、河北、山东、山西、河南、陕西、甘肃、宁夏、新疆均有分布。原产热带非洲。

图为反枝苋，拍摄于赵述岛

野苋

Amaranthus viridis Linn.

苋科，苋属。无刺草本。叶绿色，卵形、卵状菱形，顶端钝，基部截平。花青白色穗状花序；苞片和小苞片卵形；萼片3，卵状长圆形；胞果扁圆形，具喙。花期6-8月，果期8-10月。

生境： 旷野、宅旁或田野间。常见。耐旱。

分布： 永兴岛、赵述岛、晋卿岛、甘泉岛。三亚、乐东、昌江、白沙、保亭、万宁、琼中、儋州、临高、澄迈、文昌。华南各省区有分布，世界热带和温带地区也有分布。

图为野苋，拍摄于永兴岛

刺苋

Amaranthus spinosus L.

苋科，苋属。一年生直立草本。锐刺生于叶腋，通常2枚；叶绿色，长圆形至长圆状卵形；花淡绿色或青白色，簇生于叶腋，或排成顶生或腋生穗状花序；苞片鳞片状，短于花萼；萼片5，雄蕊5。胞果，盖裂。花、果期5-9月。

生境： 旷地或园圃，常见野草，耐旱。

分布： 永兴岛。三亚、乐东、东方、昌江、白沙、五指山、保亭、万宁、儋州、澄迈、海口。华南各省区均有分布。中南半岛和马来西亚、菲律宾、印度、日本以及美洲等地也有分布。

图为刺苋，拍摄于永兴岛

空心莲子草（喜旱莲子草）

Alternanthera philoxeroides (Mart.) Griseb.

苋科，莲子草属。多年生草本；茎基部匍匐，上部上升，管状，不明显4棱，具分枝，茎老时无毛。叶片多矩圆形，顶端急尖或圆钝，具短尖，基部渐狭，全缘，两面无毛或上面有贴生毛及缘毛，下面有颗粒状突起；叶柄无毛或微有柔毛。花密生，头状花序，单生在叶腋，球形；苞片及小苞片白色，顶端渐尖，具1脉；苞片卵形，小苞片披针形；花被片矩圆形，白色，光亮，无毛，顶端急尖，背部侧扁；子房倒卵形，具短柄，背面侧扁，顶端圆形。果实未见。花期5-10月。

生境：池塘、水沟边。常见。耐旱。有害入侵植物。

分布：永兴岛。白沙。原产巴西，我国引种于北京、江苏、浙江、江西、湖南、福建，后逸为野生。

图为空心莲子草，拍摄于永兴岛

青葙

Celosia argentea Linn.

　　苋科，青葙属。一年生草本，全株无毛；茎直立，有分枝，绿色或红色，具显明条纹。叶片矩圆披针形、披针形或披针状条形，少数卵状矩圆形，绿色常带红色，顶端急尖或渐尖，具小芒尖，基部渐狭；花多数，密生，在茎端或枝端呈单一、无分枝的塔状或圆柱状穗状花序；苞片及小苞片披针形，白色，顶端渐尖，延长成细芒，在背部隆起；花被片矩圆状披针形；子房有短柄，花柱紫色。胞果卵形，包裹在宿存花被片内。种子凸透镜状肾形。花期6-8月，果期8-10月。

　　生境：旷野、宅旁或田野间，常见。野生或栽培。耐旱。

　　分布：永兴岛、赵述岛。三亚、乐东、昌江、白沙、保亭、万宁、琼中、儋州、临高、澄迈、文昌和南沙群岛。分布几遍全国。世界热带和温带地区也有分布。

图为青葙，拍摄于永兴岛

蒺藜科

Zygophyllaceae

大花蒺藜

Tribulus cistoides Linn.

蒺藜科，蒺藜属。多年生草本。分枝平卧地面或上升，密被柔毛；老枝具节，具纵裂沟槽。托叶对生；小叶 4-7 对，近无柄，矩圆形或倒卵状矩圆形，先端圆钝或锐尖，基部偏斜，表面疏被柔毛，背面密被长柔毛。花单生于叶腋；花梗与叶近等长；萼片披针形，表面被长柔毛；花瓣倒卵状矩圆形；子房密被淡黄色硬毛。果径有小瘤体和锐刺 2-4 枚。花期 5-7 月。

生境：滨海沙滩、滨海疏林及干热河谷。耐盐碱、耐旱。

分布：永兴岛。三亚、东方、陵水、南沙群岛。云南元江有分布。广布于全球热带地区。

图为大花蒺藜，
拍摄于永兴岛

蒺藜

Tribulus terrestris Linn.

　　蒺藜科，蒺藜属。一年生或两年生草本。茎平卧地面；叶对生，不等大；小叶 4-8 对，短圆形或斜短圆形，被银色柔毛；托叶对生，披针形，被柔毛；花小，腋生，黄色；花梗短于叶；萼片狭披针形；果具 5 分果爿，常具锐刺。花期春末夏初，果期 6-9 月。

　　生境：海滨沙滩上，常见野草。耐盐碱、耐旱。

　　分布：永兴岛。三亚、东方、昌江、临高。我国各地均有分布。广布全球温带地区。

图为蒺藜，拍摄于永兴岛

落葵科

Basellaceae

心叶落葵薯

Anredera cordifolia (Tenore) Steenis.

落葵科，落葵薯属。缠绕藤本。根状茎粗壮。叶具短柄，叶片卵形至近圆形，顶端急尖，基部圆形或心形，稍肉质，腋生小块茎（珠芽）。总状花序具多花；苞片狭；花被片白色，渐变黑，开花时张开，卵形、长圆形至椭圆形；雄蕊白色，花丝顶端在芽中反折，开花时伸出花外；花柱白色，分裂成3个柱头臂，每臂具1棍棒状或宽椭圆形柱头。果实、种子未见。花期6-10月。

生境： 沟谷边、河岸岩石上、村旁墙垣、荒地或灌丛中。耐旱。

分布： 永兴岛。海南偶见栽培。广东、湖南、福建、浙江、江苏、云南、四川等栽培或偶见逸为野生。原产南美洲热带地区。

图为心叶落葵薯，拍摄于永兴岛

酢浆草科

Oxalidaceae

酢浆草

Oxalis corniculata Linn.

酢浆草科，酢浆草属。草本。全株被柔毛。根茎稍肥厚。茎细弱，多分枝，直立或匍匐。叶互生；托叶小，长圆形或卵形，边缘被密长柔毛，基部与叶柄合生；小叶3，无柄，倒心形，花单生或数朵集为伞形花序状，腋生，总花梗淡红色，与叶近等长；小苞片2，披针形，膜质；萼片5，披针形或长圆状披针形；花瓣5，黄色，长圆状倒卵形；种子长卵形，褐色或红棕色，具横向肋状网纹。花、果期几乎全年。

生境：草地、路旁、菜地等处。耐旱。

分布：永兴岛。三亚、乐东、昌江、白沙、五指山、保亭、万宁、儋州、澄迈。全世界热带至温带地区均有分布。

图为酢浆草，拍摄于永兴岛

千屈菜科

Lythraceae

水芫花

Pemphis acidula J. R. et G. Forst.

千屈菜科，水芫花属。多分枝小灌木，有时呈小乔木状；小枝、幼叶和花序均被灰色短柔毛。叶对生，厚，肉质，椭圆形、倒卵状矩圆形或线状披针形。花腋生，花二型，有12棱，6浅裂，裂片直立；花瓣6，白色或粉红色，倒卵形至近圆形，与萼等长或更长；雄蕊12，6长6短，长短相间排列。在长花柱的花中，最长的雄蕊长不及萼筒，较短的雄蕊约与子房等长，花柱长约为子房的2倍；在短花柱的花中，最长的雄蕊超出花萼裂片之外，较短的雄蕊约与萼筒等长，花柱与子房等长或较短；子房球形，1室。蒴果革质，几全部被宿存萼管包围，倒卵形；种子多数，红色，光亮，有棱角。

生境：多生长在热带岩石岸礁与珊瑚岛礁之上。喜强光高湿环境。耐盐耐旱。

分布：东岛、石岛。文昌。台湾南部海岸。多分布于东半球热带海岸，在印度、菲律宾、马来西亚、泰国、澳大利亚、日本冲绳地区、基里巴斯等地都有记载。

图为水芫花，拍摄于东岛

紫茉莉科

Nyctaginaceae

华黄细心

Boerhavia chinsensis Linn.

紫茉莉科，黄细心属。多年生蔓性草本。茎无毛或被疏短柔毛。叶厚纸质，卵形，顶端钝或急尖，基部圆形或近心形，边缘浅波状；花粉红色，数朵组成腋生或顶生聚伞花序；花序梗纤细；萼管上部漏斗状，脱落；雄蕊 2-4；子房椭圆形，花柱细长；倒卵状长圆形。花期 6-9 月。

生境：旷野或林地中。耐盐耐旱。

分布：永兴岛、赵述岛、晋卿岛、甘泉岛。三亚、乐东。印度、马来西亚、印度尼西亚，大洋洲也有分布。

图为华黄细心，拍摄于永兴岛

白花黄细心

Boerhavia albiflora Fosberg

　　紫茉莉科，黄细心属。多年生草本。茎匍匐，自茎基部分枝多数，分枝长达 1.5m，被短柔毛。叶卵形，基部楔形或圆形，顶端圆至近急尖，叶缘具短毛，叶背粉绿色；叶柄长约 1.5cm。聚伞圆锥花序通常腋生，花序顶端常具 5 个长短不一的分枝，每一分枝顶端具 4-10 个或更多的近无柄小花，集生成近头状。花被白色；雄蕊 3-4 枚，稀 2 枚；花柱 1；柱头头状。掺花果棒状，具 5 棱，被多数腺毛。花果期几乎全年。

　　生境：沙地。耐盐耐旱。

　　分布：北岛、南沙洲。澳大利亚岛礁。

图为白花黄细心，拍摄于北岛

宝巾（三角梅，光叶子花）

Bougainvillea glabra Choisy

紫茉莉科，宝巾属。藤状灌木。枝有锐刺。叶互生，具柄。花细小，顶生或生于侧枝顶部，两性，通常 3 朵簇生；花梗与苞片的中脉合生；苞片长圆形或椭圆形，叶状，具脉，红色或紫色；萼管淡绿色，被短柔毛。花期冬季至春季。

生境：喜温暖湿润气候，喜充足光照，耐旱不耐寒。绿化栽培植物。

分布：永兴岛、西沙洲、赵述岛、北岛、晋卿岛、甘泉岛。海南各地均有栽培。原产巴西，现世界各地常见栽培。

图为宝巾，拍摄于永兴岛

白避霜花（抗风桐）

Pisonia grandis R. Br.

　　紫茉莉科，避霜花属（腺果藤属）。常绿无刺乔木。树干具明显的沟和大叶痕，被微柔毛或几无毛，树皮灰白色，皮孔明显。叶对生，叶片纸质或膜质，椭圆形、长圆形或卵形，被微毛或几无毛，顶端急尖至渐尖，基部圆形或微心形，常偏斜，全缘，侧脉 8-10 对；聚伞花序顶生或腋生；花序梗被淡褐色毛；花梗顶部有 2-4 长圆形小苞片；花被筒漏斗状，5 齿裂，有 5 列黑色腺体；花两性；雄蕊 6-10；柱头画笔状，不伸出。果实棍棒状，5 棱，沿棱具 1 列有黏液的短皮刺，棱间有毛。花期夏季，果期夏末秋季。

　　生境：珊瑚岛常绿林中。抗风耐盐耐旱。本种植物为西沙群岛最主要的树种，常成纯林。因受风影响，枝条很少，叶常丛生。

　　分布：永兴岛、西沙洲、赵述岛、甘泉岛、东岛。南沙群岛。亚洲热带地区以及马达加斯加也有分布。

图为白避霜花，拍摄于永兴岛

图为白避霜花，拍摄于东岛

西番莲科

Passifloraceae

龙珠果

Passiflora foetida Linn.

　　西番莲科，西番莲属。草质藤本。有臭味；茎具条纹并被平展柔毛。叶膜质，宽卵形至长圆状卵形，基部心形，边缘呈不规则波状，通常具头状缘毛，叶脉羽状，侧脉4-5对，网脉横出；叶柄密被平展柔毛和腺毛，不具腺体；托叶半抱茎，深裂，裂片顶端具腺毛。聚伞花序退化仅存1花，与卷须对生。花白色或淡紫色，具白斑，顶端具腺毛；萼片5枚；花瓣5枚，与萼片等长；雄蕊5枚，花丝基部合生，扁平；花药长圆形；子房椭圆球形，具短柄，被稀疏腺毛或无毛；浆果卵圆球形，无毛；种子多数，椭圆形，草黄色。花期7-8月，果期翌年4-5月。

　　生境：沿海低海拔荒山、草坡及灌丛中。常见。

　　分布：永兴岛。三亚、东方、昌江、五指山、保亭。华南以及福建、台湾、云南有栽培或逸为野生。原产西印度群岛，现为泛热带杂草。

图为龙珠果，拍摄于永兴岛

葫芦科

Cucurbitaceae

西瓜

Citrullus lanatus (Thunb.) Mats. & Nakai

葫芦科，西瓜属。一年生蔓生藤本；茎、枝粗壮，具明显的棱沟，被长而密的柔毛。卷须较粗壮，具短柔毛，叶柄粗，密被柔毛；叶片纸质，轮廓三角状卵形，带白绿色，两面具短硬毛，3深裂，叶片基部心形。雌雄同株。雌、雄花均单生于叶腋。雄花梗密被黄褐色长柔毛；花萼筒宽钟形，密被长柔毛，花萼裂片狭披针形；花冠淡黄色，外面带绿色，被长柔毛；雄蕊 3。雌花花萼和花冠与雄花同；子房卵形，密被长柔毛，花柱柱头 3，肾形。果实大型，近于球形或椭圆形，肉质，多汁，果皮光滑，色泽及纹饰各式。种子多数，卵形，多为黑色，两面平滑，基部钝圆。花果期夏季。

生境： 栽培植物。喜温暖、干燥的气候，喜光照，耐旱不耐湿。

分布： 永兴岛、赵述岛、北岛、晋卿岛、银屿。三亚、乐东、东方、五指山有栽培。我国各地栽培，品种甚多，外果皮、果肉及种子形式多样，以新疆、甘肃兰州、山东德州、江苏溧阳等地最为有名。原产非洲热带地区，现广植于世界各地。

图为西瓜，拍摄于永兴岛

红瓜

Coccinia grandis (Linn.) Voigt

葫芦科，红瓜属。攀援草本；根粗壮；茎纤细，稍带木质，多分枝，有棱角，光滑无毛。叶柄细，有纵条纹；叶片阔心形，常有5个角或稀近5中裂，两面布有颗粒状小凸点，先端钝圆，基部有数个腺体，腺体在叶背明显，呈穴状，弯缺近圆形。卷须纤细，无毛，不分歧。雌雄异株；雌花、雄花均单生。雄花花梗细弱，光滑无毛；花萼筒宽钟形，裂片线状披针形；花冠白色或稍带黄色，5中裂，裂片卵形，外面无毛，内面有柔毛；雄蕊3，花丝及花药合生，花药近球形，药室折曲。雌花梗纤细；退化雄蕊3，近钻形，基部有短的长柔毛；子房纺锤形，花柱纤细，无毛，柱头3。果实纺锤形，熟时深红色。种子黄色，长圆形，两面密布小疣点，顶端圆。花期几乎全年。

生境：旷野灌丛中。常见。

分布：永兴岛、赵述岛。三亚、乐东、昌江、陵水、万宁、海口。广东、广西、云南有分布。非洲和亚洲的热带地区也有分布。

图为红瓜，拍摄于永兴岛

黄瓜

Cucumis sativus Linn.

葫芦科，黄瓜属。一年生蔓生或攀援草本；茎、枝伸长，有棱沟，被白色的糙硬毛。卷须细，不分歧，具白色柔毛。叶柄稍粗糙，有糙硬毛；叶片宽卵状心形，膜质，两面甚粗糙，被糙硬毛，3-5 个角或浅裂，裂片三角形，有齿，先端急尖或渐尖，基部弯缺半圆形。雌雄同株。雄花常数朵在叶腋簇生；花梗纤细，被微柔毛；花萼筒狭钟状或近圆筒状，密被白色的长柔毛，花萼裂片钻形；花冠黄白色，花冠裂片长圆状披针形，急尖；雄蕊 3，花丝近无。雌花单生或稀簇生；花梗粗壮，被柔毛；子房纺锤形，粗糙，有小刺状突起。果实长圆形或圆柱形，熟时黄绿色，表面粗糙，有具刺尖的瘤状突起。种子小，狭卵形，白色，无边缘，两端近急尖。花果期夏季。

生境： 栽培植物。喜湿而不耐涝，喜温暖，不耐寒冷。

分布： 赵述岛、晋卿岛。海南各地栽培，我国各地普遍栽培，且许多地区有温室或塑料大棚栽培，为我国各地夏季主要菜蔬之一。原产印度,现广植于温带和热带地区。

图为黄瓜，拍摄于赵述岛

甜瓜

Cucumis melo Linn.

葫芦科，黄瓜属。一年生蔓性草本植物。茎、枝有棱。卷须纤细，单一，被微柔毛。叶柄长，具槽沟及短刚毛；叶片厚纸质，上面粗糙，被白色糙硬毛。花单性，雌雄同株。雄花数朵簇生于叶腋；花梗纤细；花冠黄色。雌花单生，花梗粗糙，被柔毛；子房长椭圆形。果实的形状、颜色因品种而异，通常为球形或长椭圆形，果皮平滑，有纵沟纹，或斑纹，果肉白色、黄色或绿色，有香甜味；种子污白色或黄白色，卵形或长圆形，先端尖，表面光滑。花果期夏季。

生境：栽培植物。喜温耐热不耐寒。

分布：赵述岛。海南有栽培。全国各地广泛栽培。世界温带至热带地区也广泛栽培。

图为甜瓜，拍摄于赵述岛

南瓜

Cucurbita moschata (Duch. ex Lam.) Duch. ex Poiret

葫芦科，南瓜属。一年生蔓生草本；茎常节部生根，密被白色短刚毛。叶柄长而粗壮，被短刚毛；叶片宽卵形或卵圆形，质稍柔软，有5角或5浅裂，侧裂片较小，中间裂片较大，三角形，上面密被黄白色刚毛和茸毛，常有白斑，叶脉隆起。卷须稍粗壮，与叶柄一样被短刚毛和茸毛，3-5歧。雌雄同株。雄花单生；花萼筒钟形，被柔毛，上部扩大成叶状；花冠黄色，钟状，5中裂，裂片边缘反卷，具皱褶，先端急尖；雄蕊3，花丝腺体状，花药靠合，药室折曲。雌花单生；子房1室，花柱短，柱头3，膨大，顶端2裂。果梗粗壮，有棱和槽，瓜蒂扩大呈喇叭状；瓠果形状多样，因品种而异，外面常有数条纵沟或无。种子多数，长卵形或长圆形，灰白色，边缘薄。花、果期夏季。

生境：栽培植物。喜温。耐旱性强。

分布：赵述岛。海南各地有栽培。我国各地普遍栽培。原产墨西哥至中美洲一带。

图为南瓜，拍摄于赵述岛

葫芦瓜

Lagenaria siceraria (Molina) Standl.

葫芦科，葫芦属。一年生攀援草本；茎、枝具沟纹，被黏质长柔毛。叶柄纤细，有和茎枝一样的毛被，顶端有2腺体；叶片卵状心形或肾状卵形，不分裂或3-5裂，具5-7掌状脉，先端锐尖，边缘有不规则的齿，基部心形。卷须纤细，初时有微柔毛，上部分2歧。雌雄同株，雌、雄花均单生。雄花花梗细，比叶柄稍长，花梗、花萼、花冠均被微柔毛；花萼筒漏斗状，裂片披针形；花冠黄色，裂片皱波状，先端微缺而顶端有小尖头，5脉；雄蕊3，长圆形，药室折曲；花萼和花冠似雄花；子房中间缢细，密生黏质长柔毛，花柱粗短，柱头3，膨大，2裂。果实初为绿色，后变白色至带黄色，果形变异很大，种子白色，倒卵形或三角形，顶端截形或2齿裂。花期夏季，果期秋季。

生境：栽培植物。喜温暖阳光充足环境。

分布：赵述岛。海南各地有栽培。中国各地有栽培。原产亚洲及非洲的热带地区，现广植于世界各热带地区。

图为葫芦瓜，拍摄于赵述岛

丝瓜

Luffa cylindrica (Linn.)Roem.

葫芦科，丝瓜属。一年生攀援藤本；茎、枝粗糙，有棱沟，被微柔毛。卷须稍粗壮，被短柔毛。叶柄粗糙，近无毛；叶片三角形或近圆形，通常掌状 5-7 裂，边缘有锯齿，基部深心形，上面深绿色，粗糙，有疣点，下面浅绿色，有短柔毛。雌雄同株。雄花通常 15-20 朵花，生于总状花序上部；花萼筒宽钟形，被短柔毛，裂片卵状披针形或近三角形，上端向外反折，具 3 脉；花冠黄色，辐状，裂片长圆形，密被短柔毛；雄蕊通常 5，稀 3，被短柔毛。雌花单生；子房长圆柱状，有柔毛，柱头 3，膨大。果实圆柱状，直或稍弯，表面平滑，通常有深色纵条纹，未熟时肉质，成熟后干燥，里面呈网状纤维，由顶端盖裂。种子多数，黑色，卵形，扁，平滑。花果期夏、秋季。

生境：栽培植物。喜温喜湿不耐旱。

分布：赵述岛。海南各地有栽培。我国各地普遍栽培。也广泛栽培于热带、亚热带地区。云南南部有野生，但果较短小。

图为丝瓜，拍摄于赵述岛

苦瓜

Momordica charantia Linn.

　　葫芦科，苦瓜属。一年生攀援状草本，多分枝；茎、枝被柔毛。卷须纤细，具微柔毛，不分歧。叶柄细，初时被白色柔毛；叶片轮廓卵状肾形或近圆形，膜质，绿色，5-7深裂。雌雄同株。雄花单生叶腋，花梗纤细，被微柔毛，中部或下部具1苞片；苞片绿色，肾形或圆形，全缘；花萼裂片卵状披针形，被白色柔毛，急尖；花冠黄色，裂片倒卵形，先端钝，急尖或微凹，被柔毛；雄蕊3。雌花单生，花梗被微柔毛，基部常具1苞片；子房纺锤形，密生瘤状突起，柱头3，膨大，2裂。果实纺锤形或圆柱形，多瘤皱，成熟后橙黄色，由顶端3瓣裂。种子多数，长圆形，具红色假种皮。花、果期春夏季。

　　生境： 栽培植物。喜光不耐荫，喜湿怕涝，耐热不耐寒。

　　分布： 永兴岛、赵述岛。海南各地有栽培。我国南北普遍栽培。广泛栽培于世界热带到温带地区。

图为苦瓜，拍摄于永兴岛

番木瓜科

Caricaceae

番木瓜

Carica papaya Linn.

番木瓜科，番木瓜属。常绿小乔木。具乳汁；茎具螺旋状排列的托叶痕。叶大，聚生于茎顶端，近盾形，通常 5-9 深裂，每裂片再为羽状分裂；叶柄中空。花单性或两性。植株有雄株、雌株和两性株。雄花圆锥花序，下垂；花无梗；萼片基部连合；花冠乳黄色，冠管细管状，花冠裂片 5，披针形；雄蕊 10，5 长 5 短，被白色绒毛；子房退化。雌花伞房花序，着生叶腋内，萼片 5，中部以下合生；花冠裂片 5，分离，乳黄色或黄白色，长圆形或披针形；子房上位，卵球形，无柄，花柱 5，柱头数裂，近流苏状。子房比雌株子房小。浆果肉质，倒卵状长圆球形；种子多数，卵球形，成熟时黑色，外种皮肉质，内种皮木质，具皱纹。花果期全年。

生境： 栽培植物。喜高温多湿热带气候，不耐寒。

分布： 永兴岛、晋卿岛、赵述岛。海南各地有栽培。华南以及台湾、云南等地常见栽培。原产热带美洲，广植于世界热带和较温暖的亚热带地区。

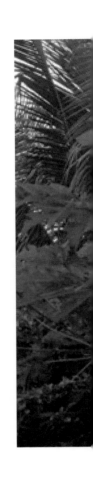

图为番木瓜，拍摄于赵述岛

仙人掌科

Cactaceae

仙人掌

Opuntia dillenii (Ker Gawl.) Haw.

　　仙人掌科，仙人掌属。丛生肉质灌木。上部分枝宽倒卵形、倒卵状椭圆形或近圆形，先端圆形，边缘通常为不规则波状，基部楔形或渐狭，绿色至蓝绿色，无毛；小窠疏生，明显突出，成长后刺常增粗并增多，密生短绵毛和倒刺刚毛；刺黄色，有淡褐色横纹，粗钻形，多少开展并内弯，基部扁，坚硬；倒刺刚毛暗褐色，直立。叶钻形，绿色，早落。花辐状；花托倒卵形，顶端截形并凹陷，基部渐狭，绿色，疏生突出的小窠，小窠具短绵毛、倒刺刚毛和钻形刺；萼状花被片宽倒卵形至狭倒卵形，先端急尖或圆形，具小尖头，黄色，具绿色中肋；瓣状花被片倒卵形或匙状倒卵形，先端圆形、截形或微凹，边缘全缘或浅啮蚀状；花丝淡黄色；花药黄色；花柱淡黄色；柱头黄白色。浆果倒卵球形，肉质，果肉可食。种子多数扁圆形，边缘稍不规则，无毛，淡黄褐色。花期6-12月。

生境：海边沙滩开阔处。耐旱。

分布：永兴岛、石岛。海南各地有分布。原产墨西哥东海岸、美国南部及东南部沿海地区、西印度群岛、百慕大群岛和南美洲北部；在加那利群岛、印度和澳大利亚东部逸生。我国于明末引种，南方沿海地区常见栽培，在广东、广西南部和海南沿海地区逸为野生。

图为仙人掌，拍摄于石岛

桃金娘科

Myrtaceae

番石榴

Psidium guajava Linn.

桃金娘科，番石榴属。灌木至小乔木；树皮平滑，灰色，片状剥落；嫩枝有棱，被毛。叶片革质，长圆形至椭圆形，先端急尖或钝，基部近于圆形，上面稍粗糙，下面有毛，侧脉 12-15 对，常下陷，网脉明显。花单生或 2-3 朵排成聚伞花序；萼管钟形，有毛，萼帽近圆形；花瓣白色；子房下位，与萼合生，花柱与雄蕊同长。浆果球形、卵圆形或梨形，顶端有宿存萼片，果肉白色及黄色，胎座肥大，肉质，淡红色；种子多数。花期夏季，果期 8-9 月。

生境：荒地或低丘陵上。较耐旱。食用栽培植物。

分布：永兴岛、甘泉岛。海南各地有栽培或逸为野生。我国华南以及西南地区有栽培，或逸为野生。原产南美洲热带地区。

图为番石榴，
拍摄于永兴岛

洋蒲桃（莲雾）

Syzygium samarangense (Bl.) Merr. et Perry

桃金娘科，蒲桃属。乔木。嫩枝压扁。叶片薄革质，椭圆形至长圆形，先端钝或稍尖，基部变狭，圆形或微心形，下面多细小腺点，侧脉 14-19 对，以 45° 开角斜行向上，有明显网脉；叶柄极短，有时近于无柄。聚伞花序顶生或腋生，有花数朵；花白色；萼管倒圆锥形，萼齿 4，半圆形；雄蕊极多。果实梨形或圆锥形，肉质，洋红色，顶部凹陷，有宿存的肉质萼片；种子 1 颗。花期 3-4 月，果实 5-6 月成熟。

生境：生长在荒地或低丘陵上。喜温不耐寒。栽培植物。

分布：永兴岛、晋卿岛。万宁、海口和南沙群岛有栽培。华南以及福建、台湾、四川、云南等地有栽培。原产泰国、马来西亚、印度尼西亚、印度、新几内亚。

图为洋蒲桃，拍摄于永兴岛

红鳞蒲桃（红车）

Syzygium hancei Merr. et Perry

桃金娘科，蒲桃属。灌木或中等乔木；嫩枝圆形，干后变黑褐色。叶片革质，狭椭圆形至长圆形或为倒卵形，先端钝或略尖，基部阔楔形或较狭窄，上面干后暗褐色，不发亮，有多数细小而下陷的腺点，下面同色，侧脉以60°开角缓斜向上，在两面均不明显。圆锥花序腋生，多花；无花梗；花蕾倒卵形，萼管倒圆锥形，萼齿不明显；花瓣4，分离，圆形，雄蕊比花瓣略短；花柱与花瓣同长。果实球形。花期7-9月。

生境： 低海拔疏林或灌木丛中。

分布： 赵述岛。海南各地。福建、广东、广西等省（区）。越南也有分布。

图为红鳞蒲桃，
拍摄于赵述岛

使君子科

Combretaceae

使君子

Quisqualis indica Linn.

使君子科，使君子属。攀援状灌木；小枝被棕黄色短柔毛。叶对生或近对生，叶片膜质，卵形或椭圆形，先端短渐尖，基部钝圆，表面无毛，背面有时疏被棕色柔毛，侧脉 7 或 8 对；叶柄无关节，幼时密生锈色柔毛。顶生穗状花序，组成伞房花序式；苞片卵形至线状披针形，被毛；萼管被黄色柔毛，先端具广展、外弯、小形的萼齿 5；花瓣 5，先端钝圆，初为白色，后转淡红色；雄蕊 10，不突出冠外，外轮着生于花冠基部，内轮着生于萼管中部；子房下位，胚珠 3 颗。果卵形，短尖，无毛，具明显的锐棱角 5 条，成熟时外果皮脆薄，呈青黑色或栗色；种子 1 颗，白色，圆柱状纺锤形。花期初夏，果期秋末。

生境：平地、山坡、路旁等向阳处的灌木丛处。常见。

分布：永兴岛。三亚、东方、万宁、澄迈、琼海、海口。四川、贵州至南岭以南各处有分布，长江中下游以北无野生记录。缅甸、菲律宾、印度也有分布。

图为使君子，拍摄于永兴岛

榄仁树

Terminalia catappa Linn.

　　使君子科，诃子属。大乔木。树皮褐黑色，纵裂而剥落状；枝平展，近顶部密被棕黄色的绒毛，具密而明显的叶痕。叶大，互生，常密集于枝顶，叶片倒卵形，先端钝圆或短尖，中部以下渐狭，基部截形或狭心形，全缘，稀微波状，主脉粗壮，侧脉 10-12 对，网脉稠密；叶柄短而粗壮，被毛。穗状花序长而纤细，腋生，雄花生于上部，两性花生于下部；苞片小，早落；花多数，绿色或白色；花瓣缺；萼筒杯状，外面无毛，内面被白色柔毛，萼齿 5，三角形，与萼筒几等长；雄蕊 10，伸出萼外；花盘由 5 个腺体组成，被白色粗毛；子房圆锥形；花柱单一，粗壮；胚珠 2 颗，倒悬于室顶。果椭圆形，常稍压扁，具 2 棱，棱上具翅状的狭边，两端稍渐尖，果皮木质，坚硬，成熟时青黑色；种子 1 颗，矩圆形，含油质。花期 3-6 月，果期 7-9 月。

　　生境： 海边沙滩。常见。耐盐耐旱。

　　分布： 永兴岛、西沙洲、赵述岛、北岛、晋卿岛、甘泉岛、鸭公岛、银屿。三亚、乐东、万宁、

文昌、海口、南沙群岛。广东、台湾、云南有分布。原产
马来半岛，中南半岛以及马来西亚、印度尼西亚、波利尼
西亚也有分布。

图为榄仁树，拍摄于永兴岛

小叶榄仁

Terminalia neotaliala Capuron

使君子科，诃子属。乔木。主干直立，侧枝轮生呈水平展开，树冠层伞形，层次分明，质感轻细。叶小，提琴状倒卵形，全缘；穗状花序腋生，花两性；花柱单生伸出；核果纺锤形；种子1个。花期 7-9 月，果期 10 月开始。

生境： 栽培植物。抗风耐盐。常见。

分布： 永兴岛、西沙洲有栽培。海南各地有栽培。越南、老挝、柬埔寨、泰国、马来西亚也有分布。

图为小叶榄仁，拍摄于永兴岛

藤黄科

Clusiaceae

红厚壳

Calophyllum inophyllum Linn.

　　藤黄科，红厚壳属。乔木。树皮厚，灰褐色或暗褐色，有纵裂缝，创伤处常渗出透明树脂；幼枝具纵条纹。叶片厚革质，宽椭圆形或倒卵状椭圆形，稀长圆形，顶端圆或微缺，基部钝圆或宽楔形，两面具光泽；中脉在上面下陷，下面隆起，侧脉多数，几与中脉垂直，两面隆起；叶柄粗壮。总状花序或圆锥花序近顶生，有花7-11；花两性，白色，微香；花萼裂片4，外方2枚较小，近圆形，顶端凹陷，内方2枚较大，倒卵形，花瓣状；花瓣4，倒披针形，顶端近平截或浑圆，内弯；雄蕊极多数，花丝基部合生成4束；子房近圆球形，花柱细长，蜿蜒状，柱头盾形。果圆球形，成熟时黄色。花期春、夏季，果期秋、冬季。

　　生境：丘陵或海滨沙地。耐盐耐旱。常见。

　　分布：西沙洲、晋卿岛均有分布。三亚、乐东、东方、万宁、琼中、文昌、海口、南沙群岛。台湾有分布。东南亚、南亚以及大洋洲和马达加斯加也有分布。

图为红厚壳，拍摄于西沙洲

椴树科

Tiliaceae

铺地刺蒴麻

Triumfetta procumbens Forst. f.

刺蒴麻属。木质草本。茎匍匐；嫩枝被黄褐色星状短茸毛。叶厚纸质，卵圆形，有时3浅裂，先端圆钝，基部心形，上面有星状短茸毛，下面被黄褐色厚茸毛，基出脉5-7条，边缘有钝齿；叶柄被短茸毛。聚伞花序腋生。花未见。果实球形，干后不开裂；针刺粗壮，先端弯曲，有柔毛；果4室，每室有种子1-2颗。果期5-9月。

生境：海边沙地。耐盐耐旱。

分布：永兴岛、赵述岛、北岛、中岛、南岛、北沙洲、中沙洲、南沙洲、甘泉岛、晋卿岛均有分布。南沙群岛有分布。澳大利亚以及西太平洋各岛屿也有分布。

图为铺地刺蒴麻，
拍摄于永兴岛

梧桐科

Sterculiaceae

蛇婆子

Waltheria indica Linn.

梧桐科，蛇婆子属。略直立或匍匐状半灌木。多分枝，小枝密被短柔毛。叶卵形或长椭圆状卵形，顶端钝，基部圆形或浅心形，边缘有小齿，两面均密被短柔毛。聚伞花序腋生，头状，近于无轴；小苞片狭披针形；萼筒状，5裂，裂片三角形，远比萼筒长；花瓣5，淡黄色，匙形，顶端截形，比萼略长；雄蕊5，花丝合生成筒状，包围着雌蕊；子房无柄，被短柔毛，花柱偏生，柱头流苏状。蒴果小，二瓣裂，倒卵形，被毛，为宿存的萼所包围，内有种子1个；种子倒卵形，很小。花期夏、秋季。

生境：旷野地上。耐盐耐旱。常见。

分布：永兴岛、晋卿岛、珊瑚岛。三亚、乐东、东方、昌江、五指山、万宁、琼中、儋州、澄迈、文昌。台湾、福建、广东、广西、云南等省（区）的南部有分布。越南、泰国、印度尼西亚、印度也有分布。

图为蛇婆子，拍摄于永兴岛

锦葵科

Malvaceae

磨盘草

Abutilon indicum (L.) Sweet

　　锦葵科，苘麻属。一年生或多年生直立的亚灌木状草本。分枝多，全株均被灰色短柔毛。叶卵圆形或近圆形，先端短尖或渐尖，基部心形，边缘具不规则锯齿，两面均密被灰色星状柔毛；叶柄被灰色短柔毛和疏丝状长毛；托叶钻形，外弯。花单生于叶腋，花梗近顶端具节，被灰色星状柔毛；花萼盘状，绿色，密被灰色柔毛，裂片5，宽卵形，先端短尖；花黄色，花瓣5；雄蕊柱被星状硬毛；心皮15-20，呈轮状，花柱枝5，柱头头状。果为倒圆形似磨盘，黑色，分果爿15-20，先端截形，具短芒，被星状长硬毛；种子肾形，被星状疏柔毛。花期6-12月。

　　生境：平原、海边、砂地、旷野、山坡、河谷及路旁等处。耐盐耐旱。常见。

　　分布：永兴岛。海南各地有分布。台湾、福建、广东、广西、贵州和云南等省（区）有分布。热带、亚热带地区也有分布。

图为磨盘草，拍摄于永兴岛

海岛棉

Gossypium barbadense L.

锦葵科，棉属。多年生亚灌木或灌木。被毛或除叶柄和叶背脉外近无毛；小枝暗紫色，具棱角。叶掌状 3-5 深裂，裂片卵形或长圆形，先端长渐尖，基部心形；叶柄较长于叶片，被散生黑色腺点；托叶披针状镰形。花顶生或腋生，花梗常短于叶柄，被星状长柔毛和黑色腺点；小苞片 5 或更多，分离，基部心形，宽卵形，边缘具长粗齿 10-15；花萼杯状，截头形，具黑色腺点；花冠钟形，淡黄色，内面基部紫色，花瓣倒卵形，具缺刻，外面被星状长柔毛；雄蕊柱无毛。蒴果长圆状卵形，基部大，顶端急尖，外面被明显腺点，通常 3 室，很少为 4 室；种子卵形，具喙，彼此离生，被易剥离的白色长棉毛，剥毛后表面黑色，光滑。花期夏秋间。

生境：荒地、林缘。耐盐耐旱。

分布：永兴岛。三亚、乐东、东方、海口。分布于中国华南地区，中国各地有栽培。原产热带美洲。

图为海岛棉，拍摄于永兴岛

重瓣朱槿

Hibiscus rosa-sinensis Linn. var. *rubro-Plenus* Sweet

锦葵科，木槿属。常绿灌木或小乔木。小枝圆柱形，疏被星状柔毛。叶阔卵形或狭卵形，先端渐尖，基部圆形或楔形，边缘具粗齿或缺刻，两面除背面沿脉上有少许疏毛外均无毛；叶柄被长柔毛；托叶线形，被毛。花单生于上部叶腋间，常下垂，花梗疏被星状柔毛或近平滑无毛，近端有节；小苞片6-7，线形，疏被星状柔毛，基部合生；萼钟形，被星状柔毛，裂片5，卵形至披针形；花重瓣，花冠漏斗形，玫瑰红色或淡红、淡黄等色，花瓣卵形，先端圆，外面疏被柔毛；雄蕊柱平滑无毛；花柱枝5。蒴果卵形，平滑无毛，有喙。花期全年。

生境：栽培植物。

分布：永兴岛、赵述岛。海南有栽培。原产中国广东、云南，福建、广西、四川、台湾也有分布。

图为重瓣朱槿，拍摄于永兴岛

黄槿（黄木槿）

Hibiscus tiliaceus Linn.

锦葵科，木槿属。常绿灌木或乔木。树皮灰白色；小枝无毛或近于无毛。叶革质，近圆形或广卵形，先端突尖，有时短渐尖，基部心形，全缘或具不明显细圆齿，叶脉7或9；托叶叶状，长圆形，先端圆，早落，被星状疏柔毛。花序顶生或腋生，常数花排列成聚散花序，花梗基部有一对托叶状苞片；小苞片7-10，线状披针形，被绒毛，中部以下连合呈杯状；萼基部合生，萼裂5，披针形，被绒毛；花冠钟形，花瓣黄色，倒卵形；雄蕊柱平滑无毛；花柱枝5，被细腺毛。蒴果卵圆形，被绒毛，果爿5，木质；种子光滑，肾形。花期6-9月。

生境：港湾或潮水能到达的河流岸。常见。耐盐耐旱。

分布：永兴岛、鸭公岛、银屿。三亚、乐东、昌江、保亭、万宁、琼中、儋州、澄迈、文昌、海口。台湾、广东、福建有分布。热带、亚热带沿海地区也有分布。

图为黄槿，拍摄于鸭公岛

圆叶黄花棯

Sida alnifolia Linn. var. *orbiculate* S.Y.Hu

　　锦葵科，黄花棯属。亚灌木。叶圆形，具圆齿，两面被星状长硬毛，叶柄密被星状疏柔毛；托叶钻形；花单生，具花梗，花萼被星状绒毛，裂片顶端被纤毛，雄蕊柱被长硬毛；花期 5-7 月。

生境： 草坡疏林或路旁。耐盐耐旱。少见。

分布： 赵述岛、南沙洲、晋卿岛、甘泉岛。临高。广东有分布。亚洲热带、亚热带地区广泛分布。

图为圆叶黄花棯，拍摄于赵述岛

榛叶黄花稔

Sida subcordata Span.

锦葵科，黄花稔属。直立亚灌木。小枝疏被星状柔毛。叶长圆形或卵形，先端短渐尖，基部圆形，边缘具细圆锯齿，两面均疏被星状柔毛；叶柄疏被星状柔毛；托叶线形，疏被星状柔毛。花序为顶生或腋生的伞房花序或近圆锥花序，小花梗中部具节，均疏被星状柔毛；花萼疏被星状柔毛，裂片5，三角形；花冠黄色，花瓣倒卵形；雄蕊柱无毛，花丝纤细，多数；花柱分枝8-9。蒴果近球形，分果爿8-9，具2长芒，突出于萼外，被倒生刚毛；种子卵形，顶端密被褐色短柔毛。花期冬春季。

生境：村庄附近旷地，山谷疏林边、草丛或路旁。

分布：永兴岛。海南各地。广东、广西和云南有分布。越南、老挝、缅甸、印度和印度尼西亚等热带地区。

图为榛叶黄花稔，
拍摄于永兴岛

金虎尾科

Malpighiaceae

西印度樱桃（光叶金虎尾）

Malpighia glabra L.

　　金虎尾科，金虎尾属。常绿灌木。嫩枝被乳突状小毛，老枝无毛。叶小，对生，革质，卵圆形至倒卵形，叶面绿色，无毛；托叶针状。单花生于叶腋；花梗纤细，四棱形；萼片5，卵状长圆形，外有大的腺体2枚；花瓣5，初时淡红色，后变白色；雄蕊10，长约为花瓣的一半；子房无毛，花柱3，分离，但仅2枚发育，弯曲，柱头膨大。核果鲜红色，近球形。花期夏秋季。

　　生境：高温多湿、阳光充足的环境中。

　　分布：赵述岛。广东、海南有栽培。原产中南美洲。

图为西印度樱桃，
拍摄于赵述岛

大戟科

Euphorbiaceae

麻叶铁苋菜

Acalypha lanceolata Willd.

大戟科，铁苋菜属。一年生直立草本；嫩枝密生黄褐色柔毛及疏生的粗毛。叶膜质，菱状卵形或长卵形，顶端渐尖，基部楔形或阔楔形，边缘具锯齿，两面具疏毛；基出脉 5 条；叶柄具柔毛；托叶披针形。雌雄花同序，花序 1-3，腋生，花序梗几无，花序轴被短柔毛；雌花苞片 3-9 枚，半圆形，约具 11 枚短尖齿，边缘散生具头的腺毛，外面被柔毛，掌状脉明显，苞腋具雌花 1 朵，花梗无；雄花生于花序的上部，排列呈短穗状，雄花苞片披针形，苞腋具簇生的雄花 5-7 朵；花序轴的顶部或中部具 1-2（-3）朵异形雌花；雄花：花蕾时球形，花萼裂片 4 枚；雄蕊 8 枚。雌花：萼片 3 枚，狭三角形；子房具柔毛，花柱 3 枚，撕裂各 5 条；异形雌花：萼片 4 枚，披针形；子房扁倒卵状，1 室，顶部二侧具环形撕裂，花柱 1 枚，位于子房基部，撕裂。蒴果具 3 个分果爿，具柔毛；种子卵状，种皮平滑，假种阜小。花、果期夏、秋季。

生境：林边、路旁、旷野潮湿处。少见。

分布：永兴岛。临高、澄迈。越南、缅甸、印度尼西亚、菲律宾、印度、斯里兰卡、日本、澳大利亚以及太平洋岛屿也有分布。

图为麻叶铁苋菜，拍摄于永兴岛

秋枫

Bischoffia javanica Bl.

　　大戟科，秋枫属。常绿或半常绿乔木；树干圆满通直，但分枝低，主干较短；树皮灰褐色至棕褐色，近平滑，老树皮粗糙，内皮纤维质，稍脆；砍伤树皮后流出汁液，呈红色，干凝后变瘀血状；木材鲜时有酸味，干后无味，表面槽棱突起；小枝无毛。三出复叶，稀5小叶；小叶片纸质，卵形、椭圆形、倒卵形或椭圆状卵形，顶端急尖或短尾状渐尖，基部宽楔形至钝，边缘有浅锯齿，幼时仅叶脉上被疏短柔毛，老渐无毛；托叶膜质，披针形。花小，雌雄异株，多朵组成腋生的圆锥花序；雄花序被微柔毛至无毛；雌花序下垂；雄花萼片膜质，半圆形，内面凹成勺状，外面被疏微柔毛；花丝短；雌花萼片长圆状卵形，内面凹成勺状，外面被疏微柔毛，边缘膜质；子房光滑无毛，3-4室，花柱3-4，线形，顶端不分裂。果实浆果状，圆球形或近圆球形，淡褐色；种子长圆形。花期4-5月，果期8-10月。

　　生境： 山谷阴湿的林中，溪旁近水处。常见。

　　分布： 永兴岛。乐东、昌江、白沙、保亭、陵水、万宁、澄迈、海口。中南半岛以及印度尼西亚、菲律宾、印度、日本、澳大利亚也有分布。

图为秋枫，拍摄于永兴岛

变叶木

Codiaeum variegatum (Linn.)Bl.

大戟科,变叶木属。灌木或小乔木。枝条无毛,有明显叶痕。叶薄革质,形状大小变异很大,线形、线状披针形、长圆形、椭圆形、披针形、卵形、匙形、提琴形至倒卵形,渐尖至圆钝,基部楔形、短尖至钝,边全缘、浅裂至深裂,两面无毛,绿色、淡绿色、紫红色、紫红与黄色相间、黄色与绿色相间或有时在绿色叶片上散生黄色或金黄色斑点或斑纹。总状花序腋生,雌雄同株异序。雄花:白色,萼片5枚;花瓣5枚,远较萼片小;腺体5枚;雄蕊20-30枚;花梗纤细。雌花:淡黄色,萼片卵状三角形;无花瓣;花盘环状;子房3室,花往外弯,不分裂;花梗稍粗。蒴果近球形,稍扁,无毛。花期9-10月。

生境:栽培植物。耐旱。

分布:永兴岛、赵述岛。海南、广东、广西、福建、云南有栽培。原产于马来半岛至大洋洲,现广泛栽培于热带地区。

图为变叶木，拍摄于永兴岛

海滨大戟

Euphorbia atoto Forst. f.

　　大戟科，大戟属。多年生亚灌木状草本。根圆柱状；茎基部木质化，向上斜展或近匍匐，多分枝，每个分枝向上常呈二歧分枝；茎节膨大而明显。叶对生，长椭圆形或卵状长椭圆形，质地近于薄革质，先端钝圆，中间常具极短的小尖头，基部偏斜，近圆形或圆心形，边缘全缘；侧脉羽状；托叶膜质，三角形，边缘撕裂，干时易脱落。花序单生于多歧聚伞状分枝的顶端，基部具短柄；总苞杯状，边缘 5 裂，有时 4-5 裂，裂片三角状卵形，顶端急尖，边缘撕裂；腺体 4 枚，浅盘状，边缘具白色附属物。雄花数枚，略伸出总苞外；苞片披针形，边缘撕裂；雌花 1 枚，明显伸出总苞外；子房光滑无毛；花柱 3，分离；柱头 2 浅裂。蒴果三棱状，成熟时分裂为 3 个分果爿；花柱易脱落。种子球状，淡黄色。腹面具不明显的淡褐色条纹，无种阜。花果期 7-11 月。

　　生境：海岸沙地。耐盐耐旱。常见。

　　分布：永兴岛、赵述岛、北岛、中岛、南岛、西沙洲、南沙洲、晋卿岛、甘泉岛、银屿。三亚、乐东、东方、陵水、万宁、琼海、文昌、海口。广东、福建、台湾有分布。中南半岛和马来西亚、印度尼西亚、日本以及太平洋诸岛屿也有分布。

图为海滨大戟，拍摄于永兴岛

猩猩草

Euphorbia cyathophora Murr.

大戟科，大戟属。一年生或多年生草本。根圆柱状，基部有时木质化。茎直立，上部多分枝，光滑无毛。叶互生，卵形、椭圆形或卵状椭圆形，先端尖或圆，基部渐狭，边缘波状分裂或具波状齿或全缘，无毛；总苞叶与茎生叶同形，较小，淡红色或仅基部红色。花序单生，数枚聚伞状排列于分枝顶端，总苞钟状，绿色，边缘5裂，裂片三角形，常呈齿状分裂；腺体常1枚，偶2枚，扁杯状，近两唇形，黄色。雄花多枚，常伸出总苞之外；雌花1枚，子房柄明显伸出总苞处；子房三棱状球形，光滑无毛；花柱3，分离；柱头2浅裂。蒴果三棱状球形，无毛；成熟时分裂为3个分果瓣。种子卵状椭圆形，褐色至黑色，具不规则的小突起；无种阜。花、果期4-11月。

生境：路旁、旷野。

分布：永兴岛有栽培。文昌、海口有栽培或逸为野生。广泛栽培于我国大部分省（区、市），常见于公园、植物园及温室中，用于观赏。原产南美洲。

图为猩猩草，拍摄于永兴岛

飞扬草

Euphorbia hirta L.

大戟科，大戟属。一年生草本。根纤细，常不分枝，偶 3-5 分枝。茎单一，自中部向上分枝或不分枝，被褐色或黄褐色的多细胞粗硬毛。叶对生，披针状长圆形、长椭圆状卵形或卵状披针形，先端极尖或钝，基部略偏斜；边缘于中部以上有细锯齿，中部以下较少或全缘；叶面绿色，叶背灰绿色，有时具紫色斑，两面均具柔毛，叶背面脉上的毛较密；叶柄极短；花序多数，于叶腋处密集成头状，基部无梗或仅具极短的柄，变化较大，且具柔毛；总苞钟状，被柔毛，边缘 5 裂，裂片三角状卵形；腺体 4，近于杯状，边缘具白色附属物；雄花数枚，微达总苞边缘；雌花 1 枚，具短梗，伸出总苞之外；子房三棱状，被少许柔毛；花柱 3，分离；柱头 2 浅裂。蒴果三棱状，被短柔毛，成熟时分裂为 3 个分果爿。种子近圆状四棱形，每个棱面有数个纵槽，无种阜。花果期 4-11 月。

生境：路旁、旷野、林旁。常见。

分布：永兴岛、赵述岛、晋卿岛、甘泉岛。三亚、乐东、昌江、白沙、保亭、万宁、临高、澄迈。全球热带、亚热带地区也有分布。

图为飞扬草，拍摄于永兴岛

千根草

Euphorbia thymifolia Linn.

大戟科，大戟属。一年生草本。根纤细，具多数不定根。茎纤细，常呈匍匐状，自基部极多分枝，被稀疏柔毛。叶对生，椭圆形、长圆形或倒卵形，先端圆，基部偏斜，不对称，呈圆形或近心形，边缘有细锯齿，稀全缘，两面常被稀疏柔毛，稀无毛；叶柄极短，托叶披针形或线形，易脱落。花序单生或数个簇生于叶腋，具短柄，被稀疏柔毛；总苞狭钟状至陀螺状，外部被稀疏的短柔毛，边缘 5 裂，裂片卵形；腺体 4，被白色附属物。雄花少数，微伸出总苞边缘；雌花 1 枚，子房柄极短；子房被贴伏的短柔毛；花柱 3，分离；柱头 2 裂。蒴果卵状三棱形，被贴伏的短柔毛，成熟时分裂为 3 个分果爿。种子长卵状四棱形，暗红色，每个棱面具 4-5 个横沟；无种阜。花果期6-11 月。

生境：低海拔旷野、路旁，多见于沙质土。耐盐耐旱。

分布：永兴岛、赵述岛、北岛、晋卿岛。三亚、乐东、东方、万宁、澄迈、屯昌。湖南、江苏、浙江、台湾、江西、福建、广东、广西和云南有分布。广布于亚洲热带、亚热带地区。

图为千根草，拍摄于永兴岛

火殃簕（金刚篡）

Euphorbia antiquorum L.

　　大戟科，大戟属。肉质灌木状小乔木，乳汁丰富。茎常三棱状，偶有四棱状并存，上部多分枝；棱脊3条，薄而隆起，边缘具明显的三角状齿；髓三棱状，糠质。叶互生于齿尖，少而稀疏，常生于嫩枝顶部，倒卵形或倒卵状长圆形，顶端圆，基部渐狭，全缘，两面无毛；叶脉不明显，肉质；叶柄极短；托叶刺状，宿存；苞叶2枚，下部结合，紧贴花序，膜质，与花序近等大。花序单生于叶腋，基部具短柄；总苞阔钟状，边缘5裂，裂片半圆形，边缘具小齿；腺体5，全缘。雄花多数；苞片丝状；雌花1枚，花柄较长，常伸出总苞之外；子房柄基部具3枚退化的花被片；子房三棱状扁球形，光滑无毛；花柱3，分离；柱头2浅裂。蒴果三棱状扁球形，成熟时分裂为3个分果爿。种子近球状，褐黄色，平滑；无种阜。花果期全年。

　　生境：栽培植物。

　　分布：永兴岛。我国南北方均有栽培。分布于热带亚洲。原产印度。

图为火殃簕，拍摄于永兴岛

琴叶珊瑚

Jatropha integerrima Jacq.

大戟科，麻疯树属。灌木。植物体具乳汁，有毒。单叶互生，倒阔披针形，叶基有 2-3 对锐刺，先端渐尖，叶面为浓绿色，叶背为紫绿色，叶柄具茸毛，叶面平滑，常丛生于枝条顶端。花单性，雌雄同株，花冠红色或粉红色；二歧聚伞花序独特，花序中央一朵雌花先开，两侧分枝上的雄花后开，雌、雄花不同时开放。

生境： 观赏植物。高温、高湿，阳光充足，肥沃砂质土壤中。

分布： 永兴岛有栽培。海南有栽培。中国华南地区有栽培。原产古巴以及西印度群岛。

图为琴叶珊瑚，
拍摄于永兴岛

龙眼睛（小果叶下珠）

Phyllanthus reticulatus Poir.

　　大戟科，叶下珠属。直立或攀援灌木。枝条淡褐色；幼枝、叶和花梗均被淡黄色短柔毛或微毛。叶片膜质至纸质，椭圆形、卵形至圆形，顶端急尖、钝至圆，基部钝至圆，下面有时灰白色；叶脉通常两面明显；托叶钻状三角形，干后变硬刺状，褐色。通常2-10朵雄花和1朵雌花簇生于叶腋，稀组成聚伞花序；雄花花梗纤细；萼片5-6，2轮，卵形或倒卵形，不等大，全缘；雄蕊5，直立，其中3枚较长，花丝合生，2枚较短而花丝离生，花药三角形，药室纵裂；花粉粒球形，具3沟孔；花盘腺体5，鳞片状；雌花花梗纤细；萼片5-6，2轮，不等大，宽卵形，外面基部被微柔毛；花盘腺体5-6，长圆形或倒卵形；子房圆球形，4-12室，花柱分离，顶端2裂，裂片线形卷曲平贴于子房顶端。蒴果呈浆果状，球形或近球形，红色，干后灰黑色，不分裂，4-12室，每室有2颗种子；种子三棱形，褐色。花、果期全年。

　　生境：溪边、水中崖石上或山谷中。常见。

　　分布：永兴岛。三亚、乐东、东方、昌江、白沙、五指山、陵水、万宁、琼中、儋州、澄迈、海口。江西、福建、台湾、湖南、广东、广西、四川、贵州和云南有分布。广布于热带西非至印度、斯里兰卡、中南半岛、印度尼西亚、菲律宾、马来西亚和澳大利亚。

图为龙眼睛，拍摄于永兴岛

蓖麻

Ricinus communis Linn.

大戟科，蓖麻属。灌木或小乔木。小枝、叶和花序通常被白霜，茎多液汁。叶轮廓近圆形，掌状 7-11 裂，裂缺几达中部，裂片卵状长圆形或披针形，顶端急尖或渐尖，边缘具锯齿；掌状脉 7-11 条。网脉明显；叶柄粗壮，中空，顶端具 2 枚盘状腺体，基部具盘状腺体；托叶长三角形，早落。总状花序或圆锥花序；苞片阔三角形，膜质，早落；雄花：花萼裂片卵状三角形，雄蕊束众多；雌花：萼片卵状披针形，凋落；子房卵状，密生软刺或无刺，花柱红色，顶部 2 裂，密生乳头状突起。蒴果卵球形或近球形，果皮具软刺或平滑；种子椭圆形，微扁平，平滑，斑纹淡褐色或灰白色；种阜大。花果期 3-12 月。

生境：村旁疏林或河流两岸冲积地常逸为野生。耐旱。

分布：永兴岛、赵述岛。乐东、东方、昌江、白沙、五指山、万宁、儋州、澄迈、海口和南沙群岛。华南和西南地区栽培或逸为野生，油料作物。原产地可能在非洲东部的肯尼亚或索马里，现广布于全世界热带地区或栽培于热带至温带各国。

图为蓖麻，拍摄于永兴岛

含羞草科

Mimosaceae

美蕊花（朱缨花）

Calliandra haematocephala Hassk.

　　朱缨花属。落叶灌木或小乔木；枝条扩展，小枝圆柱形，褐色，粗糙。托叶卵状披针形，宿存。二回羽状复叶；羽片 1 对；小叶 7-9 对，斜披针形，中上部的小叶较大，下部的较小，先端钝而具小尖头，基部偏斜，边缘被疏柔毛；中脉略偏上缘。头状花序腋生，有花 25-40 朵；花萼钟状，绿色；花冠淡紫红色，顶端具 5 裂片，裂片反折，无毛；雄蕊突露于花冠之外，非常显著，白色，管口内有钻状附属体，上部离生的花丝深红色。荚果线状倒披针形，暗棕色，成熟时由顶至基部沿缝线开裂，果瓣外翻；种子 5-6 颗，长圆形，棕色。花期 8-9 月，果期 10-11 月。

　　生境：绿化栽培植物。耐盐耐旱。

　　分布：永兴岛有栽培。万宁有栽培。华南地区有栽培。原产南美，现热带、亚热带地区常有栽培。

图为美蕊花，拍摄于永兴岛

银合欢

Leucaena leucocephala (Lam.) de Wit

含羞草科，银合欢属。灌木或小乔木；幼枝被短柔毛，老枝无毛，具褐色皮孔，无刺；托叶三角形，小。羽片 4-8 对，叶轴被柔毛，在最下一对羽片着生处有黑色腺体 1 枚；小叶 5-15 对，线状长圆形，先端急尖，基部楔形，边缘被短柔毛，中脉偏向小叶上缘，两侧不等宽。头状花序通常 1-2 个腋生；苞片紧贴，被毛，早落；花白色；花萼顶端具 5 细齿，外面被柔毛；花瓣狭倒披针形，背被疏柔毛；雄蕊 10 枚，通常被疏柔毛；子房具短柄，上部被柔毛，柱头凹下呈杯状。荚果带状，顶端凸尖，基部有柄，纵裂，被微柔毛；种子 6-25 颗，卵形，褐色，扁平，光亮。花期 4-7 月，果期 8-10 月。

生境： 生长在低海拔的荒地或疏林中。

分布： 永兴岛。三亚、乐东、东方、儋州、临高、屯昌、海口和南沙群岛。台湾、福建、广东、广西和云南有分布。原产热带美洲，现广布于热带各地区。

图为银合欢，拍摄于永兴岛

巴西含羞草

Mimosa invisa Mart. ex Colla（已正名为 *Mimosa di-plotricha*）

含羞草科，含羞草属。直立、亚灌木状草本；茎攀援或平卧，五棱柱状，沿棱上密生钩刺，其余被疏长毛，老时毛脱落。二回羽状复叶；总叶柄及叶轴有钩刺 4-5 列；羽片 7-8 对；小叶(12) 20-30 对，线状长圆形，被白色长柔毛。头状花序花时连花丝，1 或 2 个生于叶腋；花紫红色，花萼极小，4 齿裂；花冠钟状，中部以上 4 瓣裂，外面稍被毛；雄蕊 8 枚，花丝长为花冠的数倍；子房圆柱状，花柱细长。荚果长圆形，边缘及荚节有刺毛。花果期 3-9 月。

生境： 生长在低海拔荒地或路旁。

分布： 永兴岛。海南各地有分布。广东有分布。原产巴西。

图为巴西含羞草，拍摄于永兴岛

含羞草

Mimosa pudica Linn.

含羞草科，含羞草属。披散、亚灌木状草本；茎圆柱状，具分枝，有散生、下弯的钩刺及倒生刺毛。托叶披针形，有刚毛。羽片和小叶触之即闭合而下垂；羽片通常2对，指状排列于总叶柄顶端；小叶10-20对，线状长圆形，先端急尖，边缘具刚毛。头状花序圆球形，具长总花梗，单生或2-3个生于叶腋；花小，淡红色，多数；苞片线形；花萼极小；花冠钟状，裂片4，外面被短柔毛；雄蕊4枚，伸出于花冠之外；子房有短柄，无毛；胚珠3-4颗，花柱丝状，柱头小。荚果长圆形，扁平，稍弯曲，荚缘波状，具刺毛，成熟时荚节脱落，荚缘宿存；种子卵形。花期3-10月，果期5-11月。

生境：生长在旷野荒地、灌木丛中。

分布：赵述岛。海南各地有分布。台湾、福建、广东、广西、云南等地有分布，华南各地有逸为野生。原产热带美洲，现广布于世界热带地区。

图为含羞草，拍摄于赵述岛

苏木科

Caesalpiniaceae

刺果苏木

Caesalpinia bonduc (Linn.) Roxb.

苏木科，云实属。有刺藤本，各部均被黄色柔毛；刺直或弯曲。叶轴有钩刺；羽片6-9对，对生；羽片柄极短，基部有刺1枚；托叶大，叶状，常分裂，脱落；在小叶着生处常有托叶状小钩刺1对；小叶6-12对，膜质，长圆形，先端圆钝而有小凸尖，基部斜，两面均被黄色柔毛。总状花序腋生，具长梗，上部稠密，下部稀疏；苞片锥状，被毛，外折，开花时渐脱落；花托凹陷；萼片5，内外均被锈色毛；花瓣黄色，最上面一片有红色斑点，倒披针形，有柄；花丝短，基部被绵毛；子房被毛。荚果革质，长圆形，顶端有喙，膨胀，外面具细长针刺；种子2-3颗，近球形，铅灰色，有光泽。花期8-10月，果期10月至翌年3月。

生境：生长在林中或海边。常见。耐旱。

分布：晋卿岛。三亚、乐东、东方、昌江、万宁、文昌和南沙群岛。广东、广西和台湾有分布。世界热带地区均有分布。

图为刺果苏木，拍摄于晋卿岛

凤凰木

Delonix regia (Boj.) Raf.

苏木科，凤凰木属。高大落叶乔木；树皮粗糙，灰褐色；树冠扁圆形，分枝多而开展；小枝常被短柔毛并有明显的皮孔。叶为二回偶数羽状复叶，具托叶；下部的托叶明显地羽状分裂，上部的呈刚毛状；叶柄光滑至被短柔毛，上面具槽，基部膨大呈垫状；羽片对生，15-20 对；小叶 25 对，密集对生，长圆形，两面被绢毛，先端钝，基部偏斜，边全缘；中脉明显；小叶柄短。伞房状总状花序顶生或腋生；花大而美丽，鲜红至橙红色；花托盘状或短陀螺状；萼片 5，里面红色，边缘绿黄色；花瓣 5，匙形，红色，具黄及白色花斑，开花后向花萼反卷，瓣柄细长；雄蕊 10 枚；红色，长短不等，向上弯，花丝粗，下半部被绵毛，花药红色；子房黄色，被柔毛，无柄或具短柄，花柱柱头小，截形。荚果带形，扁平，稍弯曲，暗红褐色，成熟时黑褐色，顶端有宿存花柱；种子 20-40 颗，横长圆形，平滑，坚硬，黄色染有褐斑。花期 5-7 月，果期 8-10 月。

生境：栽培植物。喜高温多湿和阳光充足环境，耐旱不耐寒。

分布：永兴岛、赵述岛均有栽培。海南各地有栽培。云南、广西、广东、福建、台湾等省（区）有分布。
原产马达加斯加，世界热带地区常栽种。

图为凤凰木，拍摄于永兴岛

黄槐决明

Senna surattensis

　　苏木科，决明属。灌木或小乔木；分枝多，小枝有肋条；树皮颇光滑，灰褐色；嫩枝、叶轴、叶柄被微柔毛；叶轴及叶柄呈扁四方形，在叶轴上有棍棒状腺体 2-3 枚；小叶 7-9 对，长椭圆形或卵形，下面粉白色，被疏散、紧贴的长柔毛，边全缘；小叶柄被柔毛；托叶线形，弯曲，早落。总状花序生于枝条上部的叶腋内；苞片卵状长圆形，外被微柔毛；萼片卵圆形，大小不等，有 3-5 脉；花瓣鲜黄至深黄色，卵形至倒卵形；雄蕊 10 枚，全部能育，最下 2 枚有较长自认花丝，花药长椭圆形，2 侧裂；子房线形，被毛。荚果扁平，带状，开裂，顶端具细长的喙，果柄明显；种子 10-12 颗，有光泽。花果期几全年。

　　生境：山腰、灌丛。常作为行道树种在路边，耐旱不耐涝。常做栽培植物。

　　分布：永兴岛有栽培。三亚、乐东、陵水、万宁有栽培。中国华南以及福建、台湾有栽培。原产印度、斯里兰卡、印度尼西亚、菲律宾、澳大利亚和波利尼西亚地，目前世界各地均有栽培。

图为黄槐决明，拍摄于永兴岛

酸豆

Tamarindus indica Linn.

苏木科，酸豆属。乔木；树皮暗灰色，不规则纵裂。小叶小，长圆形，先端圆钝或微凹，基部圆而偏斜，无毛。花黄色或杂以紫红色条纹，少数；总花梗和花梗被黄绿色短柔毛；小苞片2枚，开花前紧包着花蕾；萼管檐部裂片披针状长圆形，花后反折；花瓣倒卵形，与萼裂片近等长，边缘波状，皱折；雄蕊近基部被柔毛，花药椭圆形；子房圆柱形，微弯，被毛。荚果圆柱状长圆形，肿胀，棕褐色，直或弯拱，常不规则地缢缩；种子3-14颗，褐色，有光泽。花期5-8月，果期12月至翌年5月。

生境：生长在村边旷野。抗风耐盐耐旱。

分布：永兴岛有栽培。三亚、乐东、东方、昌江、五指山、陵水、儋州、澄迈、琼海、文昌、海口。中国华南以及台湾、福建、云南有栽培。原产非洲，现世界热带地区广泛栽培。

图为酸豆，拍摄于永兴岛

蝶形花科

Papilionaceae

链荚豆

Alysicarpus vaginalis (Linn.) DC.

　　蝶形花科，链荚豆属。多年生草本，簇生或基部多分枝；茎平卧或上部直立，无毛或稍被短柔毛。叶仅有单小叶；托叶线状披针形，干膜质，具条纹，无毛，与叶柄等距或稍长；叶柄无毛；小叶形状及大小变化很大，茎上部小叶通常为卵状长圆形、长圆状披针形至线状披针形，下部小叶为心形、近圆形或卵形，上面无毛，下面稍被短柔毛，全缘，侧脉4-5条（-9条），稍清晰。总状花序腋生或顶生，有花6-12朵，成对排列于节上；苞片膜质，卵状披针形；花萼膜质，比第一个荚节稍长，5裂，裂片较萼筒长；花冠紫蓝色，略伸出于萼外，旗瓣宽，倒卵形；子房被短柔毛，有胚珠4-7。荚果扁圆柱形，被短柔毛，有不明显皱纹，荚节4-7，荚节间不收缩，但分界处有略隆起线环。花期9月，果期9-10月。

　　生境：生长在空旷草坡、旱田边、路旁或海边沙地。常见，耐旱。

　　分布：永兴岛。三亚、东方、昌江、五指山、保亭、陵水、万宁、澄迈、定安、海口和南沙群岛。福建、广东、广西、云南及台湾有分布。东半球热带地区也有分布。

图为链荚豆，拍摄于永兴岛

海刀豆

Canavalia rosea (Sw.) DC.

蝶形花科，刀豆属。粗壮，草质藤本。茎被稀疏的微柔毛。羽状复叶具 3 小叶；托叶、小托叶小。小叶倒卵形、卵形、椭圆形或近圆形，先端通常圆，截平、微凹或具小凸头，稀渐尖，基部楔形至近圆形，侧生小叶基部常偏斜，两面均被长柔毛，侧脉每边 4-5 条。总状花序腋生；花 1-3 朵聚生于花序轴近顶部的每一节上；小苞片 2，卵形，着生在花梗的顶端；花萼钟状，被短柔毛，上唇裂齿半圆形，下唇 3 裂片小；花冠紫红色，旗瓣圆形，顶端凹入，翼瓣镰状，具耳，龙骨瓣长圆形，弯曲，具线形的耳；子房被绒毛。荚果线状长圆形，顶端具喙尖，背缝线两侧有纵棱；种子椭圆形，种皮褐色。花果期 6-12 月。

图为海刀豆，拍摄于永兴岛

生境：生长在海边沙滩上。耐盐耐旱。

分布：永兴岛、西沙洲、甘泉岛。三亚、乐东、东方、昌江、陵水、万宁。热带海岸地区广布。

三点金

Desmodium triflorum （L.) DC.

图为三点金，拍摄于永兴岛

　　蝶形花科，山蚂蝗属。多年生草本。茎纤细，多分枝，被开展柔毛；根茎木质。叶为羽状三出复叶，小叶 3；托叶披针形，膜质，外面无毛，边缘疏生丝状毛；叶柄被柔毛；小叶纸质，顶生小叶倒心形、倒三角形或倒卵形，先端宽截平而微凹入，基部楔形，上面无毛，下面被白色柔毛，叶脉每边 4-5 条，不达叶缘；小托叶狭卵形，被柔毛。花单生或 2-3 朵簇生于叶腋；苞片狭卵形，外面散生贴伏柔毛；花梗全部或顶部有开展柔毛；花萼密被白色长柔毛，5 深化裂，裂片狭披针形，较萼筒长；花冠紫红色，与萼近相等，旗瓣倒心形，基部渐狭，具长瓣柄，翼瓣椭圆形，具短瓣柄，龙骨瓣略呈镰刀形，较冀瓣长，弯曲，具长瓣柄；雄蕊二体；子房线形，多少被毛，花柱内弯，无毛。荚果扁平，狭长圆形，略呈镰刀状，腹缝线直，背缝线波状，有荚节 3-5，荚节近方形，被钩状短毛，具网脉。花果期 6-10 月。

　　生境： 生长在旷野或河边沙土上。耐旱，常见。

　　分布： 永兴岛、赵述岛。三亚、乐东、东方、昌江、白沙、五指山、陵水、万宁、儋州。浙江、福建、江西、广东、广西、云南、台湾有分布。世界热带地区广布。

灰叶（灰毛豆）

Tephrosia purpurea (Linn.) Pers.

    蝶形花科，灰毛豆属。多年生亚灌木。多分枝。茎基部木质化，近直立或伸展，具纵棱，近无毛或被短柔毛。羽状复叶，叶柄短；托叶线状锥形；小叶 4-8(10) 对，椭圆状长圆形至椭圆状倒披针形，先端钝，截形或微凹，具短尖，基部狭圆，上面无毛，下面被平伏短柔毛，侧脉 7-12 对，清晰。总状花序顶生、与叶对生或生于上部叶腋，较细；花每节 2-4 朵，疏散；苞片锥状狭披针形；花梗细，果期稍伸长，被柔毛；花萼阔钟状，被柔毛，萼齿狭三角形，尾状锥尖，近等长；花冠淡紫色，旗瓣扁圆形，外面被细柔毛，翼瓣长椭圆状倒卵形，龙骨瓣近半圆形；子房密被柔毛，花柱线形，无毛，柱头点状，无毛或稍被画笔状毛，胚珠多数。荚果线形，稍上弯，顶端具短喙，被稀疏平伏柔毛，有种子 6 粒；种子灰褐色，具斑纹，椭圆形，扁平，种脐位于中央。花期 7 月。

    生境：生长在低海拔的旷野。耐旱。常见。

    分布：永兴岛、赵述岛。三亚、乐东、东方、昌江、白沙、五指山、陵水、万宁、儋州、澄迈、定安、文昌、海口。福建、台湾、广东、广西、云南有分布。
广布于全世界热带地区。

图为灰叶，拍摄于永兴岛

滨豇豆

Vigna marina (Burm.) Merr.

蝶形花科，豇豆属。多年生匍匐或攀援草本；茎幼时被毛，老时无毛或被疏毛。羽状复叶具 3 小叶；托叶基着，卵形；小叶近革质，卵圆形或倒卵形，先端浑圆，钝或微凹，基部宽楔形或近圆形，两面被极稀疏的短刚毛至近无毛；总状花序被短柔毛；小苞片披针形，早落；花萼无毛，裂片三角形，上方的一对连合成全缘的上唇，具缘毛；花冠黄色，旗瓣倒卵形。荚果线状长圆形，微弯，肿胀，嫩时被稀疏微柔毛，老时无毛，种子间稍收缩；种子 2-6 颗，黄褐色或红褐色，长圆形，种脐长圆形，一端稍狭，种脐周围的种皮稍隆起。花期夏、秋季。

生境： 生长在海边沙地。栽培植物。

分布： 永兴岛。文昌、南沙群岛。台湾也有分布。热带地区广泛引种。

图为滨豇豆，拍摄于永兴岛

豇豆（豆角）

Vigna unguiculata (L.) Walp.

　　蝶形花科，豇豆属。一年生缠绕、草质藤本或近直立草本，有时顶端缠绕状，茎近无毛。羽状复叶具 3 小叶；托叶披针形，着生处下延成一短距，有线纹；小叶卵状菱形，先端急尖，边全缘或近全缘，有时淡紫色，无毛。总状花序腋生，具长梗；花 2-6 朵聚生于花序的顶端，花梗间常有肉质密腺；花萼浅绿色，钟状，裂齿披针形；花冠黄白色而略带青紫，各瓣均具瓣柄，旗瓣扁圆形，顶端微凹，基部稍有耳，翼瓣略呈三角形，龙骨瓣稍弯；子房线形，被毛。荚果下垂，直立或斜展，线形，稍肉质而膨胀或坚实，有种子多颗；种子长椭圆形或圆柱形或稍肾形，黄白色、暗红色或其他颜色。花期 5-8 月。

生境： 栽培植物。耐热不耐寒，耐旱不耐涝。

分布： 永兴岛、赵述岛、北岛、银屿均有栽培。海南岛各地有栽培。中国南、北各地常见栽培。现世界各地广泛栽培。

图为豇豆，拍摄于永兴岛

短豇豆（眉豆）

Vigna unguiculata subsp. *cylindrica* (L.) Verdc.

蝶形花科，豇豆属。一年生直立草本。茎无毛，高达 40cm。托叶披针形；小叶 3 片，叶片菱形，先端急尖，全缘，无毛。总状花序腋生，具长梗，花聚生于顶端；花冠黄白色而略带青紫。荚果长 10-16cm，直立或斜展；种子长椭圆形或圆柱形，具多种颜色。花期 7-9 月，果期 8-10 月。

生境： 栽培植物。

分布： 银屿。我国各省份都有栽培。日本、朝鲜、美国亦有栽培。

图为短豇豆，拍摄于银屿

降香檀（花梨）

Dalbergia odorifera T. Chen

　　蝶形花科，黄檀属。乔木；小枝有小而密集的皮孔；羽状复叶；小叶 4-6 对，卵形或椭圆形，先端急尖而钝，基部圆或宽楔形，两面无毛；圆锥花序腋生，由多数聚伞花序组成；苞片近三角形，小苞片宽卵形；花萼钟状，下方 1 枚萼齿较长，披针形，其余宽卵形；花冠淡黄色或乳白色，花瓣近等长，具柄，旗瓣倒心形，翼瓣长圆形，龙骨瓣半月形，背弯拱；雄蕊 9，单体；子房窄椭圆形，具长柄，胚珠 1-2；荚果舌状长圆形，果瓣革质，种子部分明显凸起呈棋子状，网纹不显著，通常有 1（稀 2）种子；种子肾形。

　　生境：生于中海拔山坡疏林中、林缘或林旁旷地上。

　　分布：永兴岛。海南各地有分布。

图为降香檀，拍摄于永兴岛

木麻黄科

Casuarinaceae

木麻黄

Casuarina equisetifolia Linn.

　　木麻黄科，木麻黄属。乔木。大树根部无萌蘖；树干通直；树冠狭长圆锥形；树皮在幼树上为赭红色，较薄，皮孔密集排列为条状或块状，老树的树皮粗糙，深褐色，不规则纵裂，内皮深红色；枝红褐色，有密集的节；最末次分出的小枝灰绿色，纤细，常柔软下垂，具7-8条沟槽及棱，初时被短柔毛，渐变无毛或仅在沟槽内略有毛，节脆易抽离。鳞片状叶每轮通常7枚，少为6或8枚，披针形或三角形，紧贴。花雌雄同株或异株；雄花序几无总花梗，棒状圆柱形，有覆瓦状排列、被白色柔毛的苞片；小苞片具缘毛；花被片2；花药两端深凹入；雌花序通常顶生于近枝顶的侧生短枝上。球果状果序椭圆形，两端近截平或钝，幼嫩时外被灰绿色或黄褐色茸毛，成长时毛常脱落；小苞片变木质，阔卵形，顶端略钝或急尖，背无隆起的棱脊。花期4-5月，果期7-10月。

　　生境：海岸的疏松沙地，在离海较远的酸性土壤亦能生长良好，尤其在土层深厚、疏松肥沃的冲积土上更为繁茂。海防林主要树种。抗风耐盐耐旱。

分布：永兴岛、晋卿岛、银屿、西沙洲。海南各地有栽培。广东、广西、福建、台湾、浙江、云南有栽培。原产澳大利亚以及太平洋岛屿，现美洲热带地区和亚洲东南部沿海地区广泛栽植。

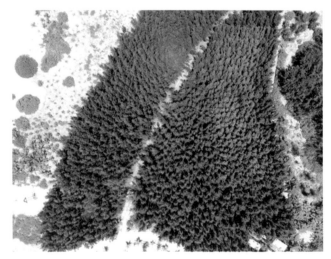

图为木麻黄，
拍摄于西沙洲

桑科

Moraceae

高山榕

Ficus altissima Bl.

桑科，榕属。大乔木；树皮灰色，平滑；幼枝绿色，被微柔毛。叶厚革质，广卵形至广卵状椭圆形，先端钝，急尖，基部宽楔形，全缘，两面光滑，无毛，基生侧脉延长，侧脉5-7对；叶柄粗壮；托叶厚革质，外面被灰色绢丝状毛。榕果成对腋生，椭圆状卵圆形，幼时包藏于早落风帽状苞片内，成熟时红色或带黄色，顶部脐状凸起，基生苞片短宽而钝，脱落后环状；雄花散生榕果内壁，花被片4，膜质，透明，雄蕊1枚，花被片4，花柱近顶生，较长；雌花无柄，花被片与瘿花同数。瘦果表面有瘤状凸体，花柱延长。花果期几全年。

生境：生长在低海拔至高海拔林中。常见。

分布：永兴岛、西沙洲、赵述岛、鸭公岛。三亚、乐东、昌江、五指山、临高、澄迈、定安。广西、云南和四川有分布。越南、泰国、缅甸、马来西亚、菲律宾、印度尼西亚、尼泊尔、印度也有分布。

图为高山榕，拍摄于永兴岛

笔管榕

Ficus subpisocarpa Gagnepain

　　桑科，榕属。乔木，有时有气根；树皮黑褐色，小枝淡红色，无毛。叶互生或簇生，近纸质，无毛，椭圆形至长圆形，先端短渐尖，基部圆形，边缘全缘或微波状，侧脉7-9对；叶柄近无毛；托叶膜质，微被柔毛，披针形，早落。榕果单生或成对，或簇生于叶腋或无叶枝上，扁球形，成熟时紫黑色，顶部微下陷，基生苞片3，宽卵圆形，革质；雄花、瘿花、雌花生于同一榕果内；雄花很少，生内壁近口部，无梗，花被片3，宽卵形，雄蕊1，花药卵圆形，花丝短；雌花无柄或有柄，花被片3，披针形，花柱短，侧生，柱头圆形；瘿花多数，与雌花相似，仅子房有粗长的柄，柱头线形。花期4-7月。

生境：生长在沿海岸处。常见。耐盐耐旱。

分布：永兴岛。乐东、东方、昌江、保亭、万宁、琼中、儋州、琼海。台湾、福建、浙江、云南南部有分布。亚洲南部至大洋洲也有分布。

图为笔管榕，拍摄于永兴岛

黄葛树

Ficus virens Var. *sublanceolata* (Miq.) Corner

桑科，榕属。乔木。有板根或支柱根，幼时附生。叶薄革质或皮纸质，长椭圆形至长椭圆状卵形，先端短渐尖，基部钝圆或楔形至浅心形，全缘，干后表面无光泽，基生叶脉短，侧脉 7-10 对，背面突起，网脉稍明显；托叶披针状卵形，先端急尖。榕果单生或成对腋生或簇生于已落叶枝叶腋，球形，成熟时紫红色，基生苞片 3，细小；无总梗。雄花、瘿花、雌花生于同一榕果内；雄花无柄，少数，生榕果内壁近口部，花被片 4-5，披针形，雄蕊 1 枚，花药广卵形，花丝短；瘿花具柄，花被片 3-4，花柱侧生，短于子房；雌花与瘿花相似，花柱长于子房。瘦果表面有皱纹。花果期 4-7 月。

生境： 生长在旷野或山谷林中。常见。耐旱。

分布： 永兴岛、赵述岛均有栽培。三亚、东方、昌江、保亭、儋州、澄迈有栽培。亚洲南部至大洋洲也有分布。

图为黄葛树，拍摄于永兴岛

厚叶榕

Ficus microcarpa L. f.

桑科，榕属。大乔木，冠幅广展；老树常有锈褐色气根。树皮深灰色。叶薄革质，狭椭圆形，先端钝尖，基部楔形，表面深绿色，干后深褐色，有光泽，全缘，基生叶脉延长，侧脉 3-10 对；叶柄无毛；托叶小，披针形。榕果成对腋生或生于已落叶枝叶腋，成熟时黄或微红色，扁球形，无总梗，基生苞片 3，广卵形，宿存；雄花、雌花、瘿花同生于一榕果内，花间有少许短刚毛；雄花无柄或具柄，散生内壁，花丝与花药等长；雌花与瘿花相似，花被片 3，广卵形，花柱近侧生，柱头短，棒形。瘦果卵圆形。花期 5-6 月。

生境：生长在温暖湿润阳光充足山地、平原。

分布：永兴岛有栽培。乐东、三亚、陵水、白沙、儋州、定安均有栽培。台湾、浙江、福建、广东、广西、湖北、贵州、云南有分布。热带亚洲、大洋洲广布。

图为厚叶榕，
拍摄于永兴岛

鼠李科

Rhamnaceae

蛇藤

Colubrina asiatica (L.) Brongn.

　　鼠李科，蛇藤属。藤状灌木；幼枝无毛。叶互生，近膜质或薄纸质，卵形或宽卵形，顶端渐尖，微凹，基部圆形或近心形，边缘具粗圆齿，两面无毛或近无毛，侧脉 2-3 对，两面凸起，网脉不明显，被疏柔毛。花黄色，五基数，腋生聚伞花序，无毛或被疏柔毛；花萼 5 裂，萼片卵状三角形，内面中肋中部以上凸起；花瓣倒卵圆形，具爪，与雄蕊等长；子房藏于花盘内，3 室，每室具 1 胚珠，花柱 3 浅裂；花盘厚，近圆形。蒴果状核果，圆球形，基部为愈合的萼筒所包围，成熟时室背开裂，内有 3 个分核，每核具 1 种子；具果梗，种子灰褐色。花期 6-9 月，果期 9-12 月。

　　生境：沿海沙地上的林中或灌丛中。

　　分布：永兴岛。海南岛沿海各地。广东、广西和台湾有分布。印度、斯里兰卡、缅甸、马来西亚、印度尼西亚、菲律宾、澳大利亚、非洲和太平洋群岛也有分布。

图为蛇藤，拍摄于永兴岛

苦木科

Simaroubaceae

海人树

Suriana maritima Linn.

　　苦木科，海人树属。灌木或小乔木。嫩枝密被柔毛及头状腺毛；分枝密，小枝常有小瘤状的疤痕。叶具极短的柄，常聚生在小枝的顶部，稍带肉质，线状匙形，先端钝，基部渐狭，全缘，叶脉不明显。聚伞花序腋生，有花 2-4 朵；苞片披针形，被柔毛；花梗有柔毛；萼片卵状披针形或卵状长圆形，有毛；花瓣黄色，覆瓦状排列，倒卵状长圆形或圆形，具短爪，脱落；花丝基部被绢毛；心皮有毛，倒卵状球形，花柱无毛，柱头小而明显。果有毛，近球形，具宿存花柱。花期 4-5 月，果期 8-10 月。

　　生境：生长在海边沙地或石缝中。耐盐耐旱。

　　分布：永兴岛、赵述岛、晋卿岛、西沙洲、中沙洲、南沙洲、北岛、南岛、银屿。台湾有分布。印度、印度尼西亚、菲律宾以及太平洋岛屿也有分布。

图为海人树，
拍摄于永兴岛

图为海人树，拍摄于永兴岛

图为海人树，拍摄于西沙洲

楝科

Meliaceae

米仔兰

Aglaia odorata Lour.

　　楝科，米仔兰属。灌木或小乔木。茎多小枝，幼枝顶部被星状锈色的鳞片。叶轴和叶柄具狭翅，有小叶 3-5 片；小叶对生，厚纸质，顶端 1 片最大，下部的远较顶端的为小，先端钝，基部楔形，两面均无毛，侧脉每边约 8 条，极纤细，和网脉均于两面微凸起。圆锥花序腋生，稍疏散无毛；花芳香；雄花的花梗纤细，两性花的花梗稍短而粗；花萼 5 裂，裂片圆形；花瓣 5，黄色，长圆形或近圆形，顶端圆而截平；雄蕊管略短于花瓣，倒卵形或近钟形，外面无毛，顶端全缘或有圆齿，花药 5，卵形，内藏；子房卵形，密被黄色粗毛。果为浆果，卵形或近球形，初时被散生的星状鳞片，后脱落；种子有肉质假种皮。

　　生境：生长在低海拔山地的疏林或灌木林中。常见。

　　分布：永兴岛有栽培。三亚、乐东、东方、昌江、万宁、琼中、儋州、澄迈、屯昌、文昌。分布于中国华南，福建、四川、贵州和云南等省常有栽培。越南、泰国、老挝、柬埔寨也有分布。

图为米仔兰，拍摄于永兴岛

图为米仔兰，拍摄于永兴岛

苦楝（楝）

Melia azedarach Linn.

楝科，楝属。落叶乔木；树皮灰褐色，纵裂。分枝广展，小枝有叶痕。叶为 2-3 回奇数羽状复叶；小叶对生，卵形、椭圆形至披针形，顶生一片通常略大，先端短渐尖，基部楔形或宽楔形，多少偏斜，边缘有钝锯齿，幼时被星状毛，后两面均无毛，侧脉每边 12-16 条，广展，向上斜举。圆锥花序约与叶等长，无毛或幼时被鳞片状短柔毛；花芳香；花萼 5 深裂，裂片卵形或长圆状卵形，先端急尖，外面被微柔毛；花瓣淡紫色，倒卵状匙形，两面均被微柔毛，通常外面较密；雄蕊管紫色，无毛或近无毛，有纵细脉，管口有钻形、2-3 齿裂的狭裂片 10 枚，花药 10 枚，着生于裂片内侧，且与裂片互生，长椭圆形，顶端微凸尖；子房近球形，5-6 室，无毛，每室有胚珠 2 颗，花柱细长，柱头头状，顶端具 5 齿，不伸出雄蕊管。核果球形至椭圆形，内果皮木质，4-5 室，每室有种子 1 颗；种子椭圆形。花期 2-3 月，果期 10-12 月。

生境： 生长在低海拔旷野、路旁或疏林中。常见。耐旱。

分布： 永兴岛、赵述岛。三亚、乐东、东方、昌江、白沙、保亭、陵水、万宁、儋州、澄迈。我国黄河以南各省（区）均有分布。广布于亚洲热带、亚热带地区。

图为苦楝，拍摄于永兴岛

五加科

Araliaceae

澳洲鸭脚木

Schefflera actinophylla (Endl.) Harms

　　五加科，鹅掌柴属。灌木，茎干直立，少分枝，初生枝干绿色，后逐渐木质化，表皮呈褐色，平滑。叶为掌状复叶，小叶数随成长变化较大，幼年时 3-5 片，长大时 9-12 片，可多达 16 片。叶面浓且有光泽，叶背淡绿色，叶柄红褐色。伞状花序，顶生小花，白色。花期春季，但盆栽极少开花。

　　生境：生长在常绿阔叶林中或沟旁湿地。绿化栽培植物。

　　分布：永兴岛有栽培。海南有栽培。原产澳洲及太平洋中的一些小岛屿，中国南部热带地区亦有分布。

图为澳洲鸭脚木，
拍摄于永兴岛

鹅掌藤

Schefflera arboricola Hayata

　　五加科，鹅掌柴属。藤状灌木。叶有小叶 7-9；叶柄纤细，无毛；托叶和叶柄基部合生成鞘状；小叶片革质，倒卵状长圆形或长圆形，先端急尖或钝形，基部渐狭或钝形，上面深绿色，有光泽，下面灰绿色，两面均无毛，边缘全缘，中脉仅在下面隆起，侧脉 4-6 对；小叶柄有狭沟，无毛。圆锥花序顶生，主轴和分枝幼时密生星状绒毛；伞形花序总状排列在分枝上，有花 3-10 朵；苞片阔卵形，外面密生星状绒毛，早落；花梗均疏生星状绒毛；花白色；萼边缘全缘，无毛；花瓣 5-6，有 3 脉，无毛；雄蕊和花瓣同数而等长；子房 5-6 室；无花柱，柱头 5-6；花盘略隆起。果实卵形，有 5 棱；花盘五角形。花期 7-10 月，果期 8-12 月。

　　生境：常见于低海拔的潮湿林中，常附生于树上。常见。

　　分布：永兴岛、赵述岛均有栽培。三亚、乐东、东方、昌江、保亭、万宁、澄迈。台湾、广西、广东有分布。

图为鹅掌藤，拍摄于永兴岛

斑叶鹅掌藤

Schefflera arboricola (Hayata) Merr.cv.'Variegata'

　　五加科，鹅掌柴属。绿蔓性灌木，为鹅掌藤的栽培变种。掌状复叶，叶互生，叶色暗绿散布黄色斑纹，小叶 7-9 枚，全缘，顶端 3 裂。伞形花序做总状排列，顶生，花淡绿白色。果球形，熟时黄红色。花期秋至冬季，果期春季。

　　生境：栽培植物。

　　分布：永兴岛有栽培。台湾、海南、广西和广东，热带地区广为栽培。

图为斑叶鹅掌藤，拍摄于永兴岛

伞形花科

Apiaceae

胡萝卜

Daucus carota var. *sativa* Hoffm.

　　伞形花科，胡萝卜属。二年生草本。
茎单生，全体有白色粗硬毛。基生叶薄膜
质，长圆形，二至三回羽状全裂，末回裂
片线形或披针形，顶端尖锐，有小尖头，
光滑或有糙硬毛；茎生叶近无柄，有叶鞘，
末回裂片小或细长。复伞形花序，花序梗
有糙硬毛；总苞有多数苞片，呈叶状，羽
状分裂，少有不裂的，裂片线形；伞辐多
数，结果时外缘的伞辐向内弯曲；小总苞
片 5-7，线形，不分裂或 2-3 裂，边缘膜质，
具纤毛；花通常白色，有时带淡红色；花
柄不等长。果实圆卵形，棱上有白色刺毛。
花期 5-7 月。

　　生境：栽培植物。

　　分布：赵述岛有栽培。中国各地广泛
栽培。原产地中海沿岸地区。

图为胡萝卜，拍摄于赵述岛

山榄科

Sapotaceae

人心果

Manikara zapota (Linn.)
Van Royen

图为人心果，拍摄于永兴岛

　　山榄科，铁线子属。乔木。小枝茶褐色，具明显的叶痕。叶互生，密聚于枝顶，革质，长圆形或卵状椭圆形，先端急尖或钝，基部楔形，全缘或稀微波状，两面无毛，具光泽，中脉在上面凹入，下面凸起，侧脉纤细，多且相互平行，网脉极细密，两面均不明显。花 1-2 朵生于枝顶叶腋，密被黄褐色或锈色绒毛；花萼外轮 3 裂片长圆状卵形，内轮 3 裂片卵形，略短，外面密被黄褐色绒毛，内面仅沿边缘被绒毛；花冠白色，裂片卵形，先端具不规则的细齿，背部两侧具 2 枚等大的花瓣状附属物；能育雄蕊着生于冠管的喉部，花丝丝状，基部加粗，花药长卵形；退化雄蕊花瓣状；子房圆锥形，密被黄褐色绒毛；花柱圆柱形，基部略加粗。浆果纺锤形、卵形或球形，褐色，果肉黄褐色；种子扁。花、果期 4-9 月。

　　生境：栽培植物。

　　分布：永兴岛、赵述岛均有栽培。三亚、东方、万宁、昌江、陵水、琼海、文昌、海口有栽培。中国各地有栽培。原产美洲热带地区。

马钱科

Loganiaceae

灰莉

Fagraea ceilanica Thunb.

马钱科，灰莉属。灌木或小乔木。有时附生于其他树上呈攀援状灌木；树皮灰色。小枝粗厚，圆柱形，老枝上有凸起的叶痕和托叶痕；全株无毛。叶片稍肉质，干后变纸质或近革质，椭圆形、卵形、倒卵形或长圆形，顶端渐尖、急尖或圆而有小尖头，基部楔形或宽楔形，叶面深绿色，后绿黄色；叶面中脉扁平，叶背微凸起，侧脉每边 4-8 条，不明显；叶柄基部具有由托叶形成的腋生鳞片，常多少与叶柄合生。花单生或组成顶生二歧聚伞花序；花序梗短而粗，基部有披针形的苞片；花萼绿色，肉质，裂片卵形至圆形，边缘膜质；花冠漏斗状，质薄，稍带肉质，白色，芳香，上部扩大，裂片张开，倒卵形；雄蕊内藏，花丝丝状，花药长圆形至长卵形；子房椭圆状或卵状，光滑，2 室，每室有胚珠多颗，花柱纤细，柱头倒圆锥状或稍呈盾状。浆果卵状或近圆球状，顶端有尖喙，淡绿色，有光泽，基部有宿萼；种子椭圆状肾形，藏于果肉中。花期 4-8 月，果期 7 月至翌年 3 月。

生境：生长在海拔 100m 以下的山地、平地疏林或石灰岩地区林中。耐旱。常见。

　　分布：永兴岛、北岛有栽培。三亚、乐东、东方、昌江、白沙、五指山、保亭、陵水、万宁、琼中、澄迈、屯昌、文昌、海口。台湾、广东、广西和云南南部有分布。东南亚至南亚也有分布。

图为灰莉，拍摄于永兴岛

夹竹桃科

Apocynaceae

软枝黄蝉

Allemanda cathartica Linn.

　　夹竹桃科，黄蝉属。藤状灌木；株具乳汁，有毒。叶对生或 3-5 轮生，倒卵形、窄倒卵形或长圆形，无毛或下面脉被长柔毛，侧脉平。花序梗短，花冠黄色，下部圆筒形，上部钟状，花冠裂片平截倒卵形或圆形。蒴果近球形，具长刺。种子扁平，边缘膜质或具翅。花期春夏两季，果期冬季。

　　生境：栽培植物。

　　分布：永兴岛、赵述岛均有栽培。万宁、海口有栽培。原产巴西，现广植于热带地区。

糖胶树

Alstonia scholaris (Linn.) R. Br.

夹竹桃科，鸡骨常山属。乔木。枝轮生，具乳汁，无毛。叶 3-8 片轮生，倒卵状长圆形、倒披针形或匙形，稀椭圆形或长圆形，无毛，顶端圆形，钝或微凹，稀急尖或渐尖，基部楔形；侧脉每边 25-50 条，密生而平行，近水平横出至叶缘联结。花白色，多朵组成稠密的聚伞花序，顶生，被柔毛；花冠高脚碟状，中部以上膨大，内面被柔毛，裂片在花蕾时或裂片基部向左覆盖，长圆形或卵状长圆形；雄蕊长圆形，着生在花冠筒膨大处，内藏；子房由 2 枚离生心皮组成，密被柔毛，花柱丝状，柱头棍棒状，顶端 2 深裂；花盘环状。蓇葖 2，细长，线形，外果皮近革质，灰白色；种子长圆形，红棕色，两端被红棕色长缘毛。花期 6-11 月，果期 10 月至翌年 4 月。

生境： 生长在海拔 650m 以下的低丘陵山地疏林中、路旁或水沟边。喜湿润肥沃土壤，在水边生长良好，为次生阔叶林主要树种。栽培植物。

分布： 赵述岛。乐东、海口有栽培。广西南部、西部和云南南部有野生。南亚至东南亚以及澳大利亚热带地区也有分布。

图为糖胶树，拍摄于赵述岛

长春花

Catharanthus roseus (Linn.)G. Don

　　夹竹桃科，长春花属。半灌木，略有分枝，有水液，全株无毛或仅有微毛；茎近方形，有条纹，灰绿色。叶膜质，倒卵状长圆形，先端浑圆，有短尖头，基部广楔形至楔形，渐狭而成叶柄；叶脉在叶面扁平，在叶背略隆起，侧脉约8对。聚伞花序腋生或顶生，有花 2-3 朵；花萼 5 深裂，内面无腺体或腺体不明显，萼片披针形或钻状渐尖；花冠红色，高脚碟状，花冠筒圆筒状，内面具疏柔毛，喉部紧缩，具刚毛；花冠裂片宽倒卵形；雄蕊着生于花冠筒的上半部，但花药隐藏于花喉之内，与柱头离生；子房和花盘与属的特征相同。蓇葖双生，直立，平行或略叉开；外果皮厚纸质，有条纹，被柔毛；种子黑色，长圆状圆筒形，两端截形，具有颗粒状小瘤。花期春季至秋季。

　　生境：栽培植物。耐盐，耐旱。

　　分布：永兴岛、赵述岛均有栽培。三亚、乐东、东方、昌江、万宁、儋州、海口。我国栽培于西南、中南及华东等省份。原产非洲东部，广植于世界热带地区。

图为长春花，拍摄于永兴岛

夹竹桃

Nerium oleander L.

夹竹桃科，夹竹桃属。常绿大灌木，含水液，无毛；茎皮纤维为优良混纺原料，又可提制强心剂；根及树皮含有强心甙和酚类结晶物质及少量精油；茎叶可制杀虫剂，有毒，人畜误食可致命。叶3-4枚轮生，在枝条下部为对生，窄披针形，下面浅绿色；侧脉扁平，密生而平行。聚伞花序顶生；花萼直立；花冠深红色，芳香，重瓣；副花冠鳞片状，顶端撕裂；蓇葖果矩圆形；种子顶端具黄褐色种毛。花期几全年，但夏、秋季为盛开季，偶有冬季结果。

生境：栽培植物。常在公园、风景区、道路旁或河旁、湖旁栽培。喜温暖湿润，耐旱不耐寒。

分布：永兴岛、赵述岛均有栽培。海南各地有栽培。热带、亚热带地区广泛栽培。原产地中海沿岸。

图为夹竹桃，拍摄于永兴岛

红鸡蛋花

Plumeria rubra Linn.

夹竹桃科，鸡蛋花属。小乔木；枝条粗壮，带肉质，无毛，具丰富乳汁。叶厚纸质，长圆状倒披针形，顶端急尖，基部狭楔形，叶面深绿色；中脉凹陷，侧脉扁平，叶背浅绿色，中脉稍凸起，侧脉扁平，侧脉每边30-40条，近水平横出，未达叶缘网结；叶柄被短柔毛。聚伞花序顶生，总花梗3歧，肉质；花梗被短柔毛或毛脱落；花萼裂片小，阔卵形，顶端圆；花冠深红色，花冠筒圆筒形；花冠裂片狭倒卵圆形，比花冠筒长；雄蕊着生在花冠筒基部，花丝短，花药内藏；心皮2，离生；每心皮有胚珠多颗。蓇葖双生，广歧，长圆形，顶端急尖，淡绿色；种子长圆形，扁平，浅棕色，顶端具长圆形膜质的翅。花期3-9月，果期7-12月。

生境：栽培植物。耐旱。

分布：永兴岛、赵述岛均有栽培。海南各地有栽培。华南以及云南等地有栽培。墨西哥以及中美洲也有分布。原产南美洲，现广植于亚洲热带、亚热带地区。

图为红鸡蛋花，拍摄于永兴岛

鸡蛋花

Plumeria rubra Linn. *cv. Acutifolia*

　　夹竹桃科，鸡蛋花属。落叶小乔木；枝条粗壮，带肉质，具丰富乳汁，绿色，无毛。叶厚纸质，长圆状倒披针形或长椭圆形，顶端短渐尖，基部狭楔形，叶面深绿色，叶背浅绿色，两面无毛；中脉在叶面凹入，在叶背略凸起，侧脉两面扁平，每边 30-40 条，未达叶缘网结成边脉；叶柄基部具腺体，无毛。聚伞花序顶生，无毛；总花梗 3 歧，肉质，绿色；花梗淡红色；花萼裂片小，卵圆形，顶端圆，不张开而压紧花冠筒；花冠外面白色，花冠筒外面及裂片外面左边略带淡红色斑纹，花冠内面黄色，花冠筒圆筒形，外面无毛，内面密被柔毛，喉部无鳞片；花冠裂片阔倒卵形，顶端圆，基部向左覆盖；雄蕊着生在花冠筒基部，花丝极短，花药长圆形；心皮 2，离生，无毛，花柱短，柱头长圆形，中间缢缩，顶端 2 裂；每心皮有胚株多颗。蓇葖双生，广歧，圆筒形，向端部渐尖，绿色，无毛；种子斜长圆形，扁平，顶端具膜质的翅。花期 3-9 月，果期 7-12 月。

　　生境：栽培植物。喜高温、湿润和阳光充足的环境。耐旱。

　　分布：永兴岛、赵述岛均有栽培。海南各地均有栽培。中国华南以及云南有栽培。原产墨西哥，现广植于亚洲热带及亚热带地区。

图为鸡蛋花，拍摄于永兴岛

茜草科

Rubiaceae

海岸桐

Guettarda speciosa Linn.

　　茜草科，海岸桐属。灌木或小乔木。树皮黑色，光滑；小枝粗壮，交互对生，有明显的皮孔，被脱落的茸毛。叶对生，薄纸质，阔倒卵形或广椭圆形，顶端急尖，钝或圆形，基部渐狭，上面无毛或近无毛，下面薄被疏柔毛；侧脉每边 7-11 条，疏离，近边缘处与横生小脉连接或彼此相连；叶柄粗厚，被毛；托叶生在叶柄间，早落，卵形或披针形，略被毛。聚伞花序常生于已落叶的叶腋内，有短而广展、二叉状的分枝，分枝密被茸毛；总花梗近无毛；花无梗或具极短的梗，芳香，密集于分枝的一侧，密被干后变黄色的茸毛；萼管杯形，萼檐管形，截平；花冠白色，管狭长，顶端 7-8 裂，裂片倒卵形，顶端急尖；花丝极短；子房室狭小，花柱纤细，柱头头状。核果幼时被毛，扁球形，有纤维质的中果皮；种子小，弯曲。花、果期 7 月至翌年 3 月。

　　生境： 生长在海岸砂地的灌丛边缘。抗风耐盐耐旱。

　　分布： 永兴岛、赵述岛、北岛、中岛、甘泉岛、晋卿岛、西沙洲。三亚、万宁和南沙群岛、东沙群岛。热带沿海地区也有分布。

图为海岸桐，拍摄于北岛

伞房花耳草

Hedyotis corymbosa (Linn.)Lam.

茜草科，耳草属。一年生柔弱披散草本；茎和枝方柱形，无毛或棱上疏被短柔毛，分枝多，直立或蔓生。叶对生，近无柄，膜质，线形，罕有狭披针形，顶端短尖，基部楔形，干时边缘背卷，两面略粗糙或上面的中脉上有极稀疏短柔毛；中脉在上面下陷，在下面平坦或微凸；托叶膜质，鞘状，顶端有数条短刺。花序腋生，伞房花序式排列，有花2-4朵，罕有退化为单花，具纤细如丝的总花梗；苞片微小，钻形；花4数，有纤细花梗；萼管球形，被极稀疏柔毛，基部稍狭，萼檐裂片狭三角形，具缘毛；花冠白色或粉红色，管形，喉部无毛，花冠裂片长圆形，短于冠管；雄蕊生于冠管内，花丝极短，花药内藏，长圆形，两端截平；花柱中部被疏毛，柱头2裂，裂片略阔，粗糙。蒴果膜质，球形，顶部平，成熟时顶部室背开裂；种子每室10粒以上，有棱，种皮平滑，干后深褐色。花、果期几乎全年。

生境： 生长在水田田埂或潮湿草地上。

分布： 永兴岛。乐东、东方、昌江、万宁、儋州、定安、海口和南沙群岛、东沙群岛。亚洲热带地区以及非洲、美洲也有分布。

图为伞房花耳草，拍摄于永兴岛

宫粉龙船花

Ixora westii H.J.Veitch ex T.Moore & Mast.

　　茜草科，龙船花属。灌木。叶椭圆形，先端钝或急尖。聚伞花序稠密，花冠桃红色至粉红色，花冠四裂，裂片阔披针形或菱形，先端锐尖；雄蕊与花冠裂片同数，生于冠管喉部，花丝短或缺，花药背着，2室，突出或半突出冠管外；花盘肉质，肿胀；子房2室，每室有胚珠1颗，花柱线形，柱头2，短，外弯（花盛开后始出现）。核果球形或略呈压扁形，有2纵槽，革质或肉质，有小核2；小核革质，平凸或腹面下凹；种子与小核同形，种皮膜质，胚乳软骨质；胚根圆柱形，向下。花夏、秋季。

　　生境： 栽培植物。喜温暖、高温、阳光充足的环境。耐旱不耐寒。

　　分布： 永兴岛。昌江、万宁、海口。福建、广东、香港、广西、云南有分布。马来西亚、印度尼西亚也有分布。

图为宫粉龙船花，拍摄于永兴岛

海巴戟天（海滨木巴戟）

Morinda citrifolia Linn.

茜草科，巴戟天属。灌木至小乔木。叶交互对生，长圆形、椭圆形或卵圆形，两端渐尖或急尖，通常具光泽，无毛，全缘；叶脉两面凸起，中脉上面中央具一凹槽，侧脉每侧 6(-5 或 7) 条，下面脉腋密被短束毛；托叶生叶柄间，每侧 1 枚，宽，上部扩大呈半圆形，全缘，无毛。头状花序每隔一节一个，与叶对生，具花序梗；花多数，无梗；萼管彼此间多少粘合，萼檐近截平；花冠白色，漏斗形，喉部密被长柔毛，顶部 5 裂，裂片卵状披针形；雄蕊 5，着生花冠喉部；花柱约与冠管等长，由下向上稍扩大，顶二裂，裂片线形，略叉开，子房 4 室，每室具胚珠 1 颗，胚珠略扁，通常圆形，横生，下垂或不下垂。聚花核果浆果状，卵形，幼时绿色，熟时白色，每核果具分核 4(-2 或 3)，分核倒卵形，具 1 种子；种子小，扁，长圆形，下部有翅；胚直，胚根下位，子叶长圆形；胚乳丰富，质脆。花果期全年。

生境：生长在海拔 30m 以下的海岸滩涂或近海边灌丛中。抗风耐盐耐旱。

　　分布：永兴岛、西沙洲、北岛、晋卿岛、甘泉岛、鸭公岛、银屿。三亚、万宁、文昌和南沙群岛、东沙群岛。台湾岛也有分布。斯里兰卡、印度和中南半岛以及印度尼西亚、菲律宾、澳大利亚均有分布。

图为海巴戟天，
拍摄于甘泉岛

光叶丰花草

Spermacoce remota Lam.

茜草科，钮扣草属。草本或矮小亚灌木；小枝常四棱形；叶对生，无柄或具柄，膜质或薄革质；托叶与叶柄合生成鞘，顶部细裂为刚毛状；花小，无柄，排成腋生或顶生的花束或聚伞花序；萼管倒卵形或倒圆锥形，裂片间常有齿；花冠漏斗状或高脚碟状，镊合状排列；雄蕊4，着生于花冠管上或花冠喉部，花药背着；花盘肿胀或不明显；子房下位，2室，每室有胚珠1颗。蒴果状，成熟时2瓣裂或仅顶部纵裂，隔膜有时宿存；种子腹面有槽，种皮薄，常有颗粒，具角质或肉质的胚乳。

生境：生长在低海拔的空旷沙地上。常见。

分布：永兴岛。海南各地。广东、广西、云南、福建、台湾等地有分布。印度尼西亚、马来西亚和菲律宾等地也有分布。

图为光叶丰花草，拍摄于永兴岛

菊科

Asteraceae

鬼针草

Bidens pilosa Linn.

菊科，鬼针草属。一年生草本。茎直立，钝四棱形，无毛或上部被极稀疏的柔毛。茎下部叶较小，3裂或不分裂，3出，小叶3枚，两侧小叶椭圆形或卵状椭圆形，先端锐尖，基部近圆形或阔楔形，具短柄，边缘有锯齿、顶生小叶较大，长椭圆形或卵状长圆形，先端渐尖，基部渐狭或近圆形，具柄，边缘有锯齿，无毛或被极稀疏的短柔毛，上部叶小，3裂或不分裂，条状披针形。头状花序，具花序梗。总苞基部被短柔毛，苞片7-8枚，条状匙形，上部稍宽，草质，边缘疏被短柔毛或几无毛，外层托片披针形，干膜质，背面褐色，具黄色边缘，内层较狭，条状披针形。无舌状花，盘花筒状，冠檐5齿裂。瘦果黑色，条形，略扁，具棱，上部具稀疏瘤状突起及刚毛，顶端芒刺具倒刺毛。花、果期6-11月。

生境： 生长在村旁、路旁或荒地上。耐盐耐旱。常见。

分布： 永兴岛、东岛、西沙洲。三亚、乐东、东方、白沙、五指山、昌江、陵水、万宁、琼中、儋州、澄迈、屯昌、海口和南沙群岛。华东、华中、华南、西南各省份均有分布。广布于亚洲以及美洲的热带、亚热带地区。

图为鬼针草，拍摄于永兴岛

香丝草

Erigeron bonariensis Linn.

图为香丝草，
拍摄于赵述岛

菊科，白酒草属。一年生或二年生草本，根纺锤状，常斜升，具纤维状根。茎直立或斜升，稀更高，中部以上常分枝，常有斜上不育的侧枝，密被贴短毛，杂有开展的疏长毛。叶密集，基部叶花期常枯萎，下部叶倒披针形或长圆状披针形，顶端尖或稍钝，基部渐狭成长柄，通常具粗齿或羽状浅裂，中部和上部叶具短柄或无柄，狭披针形或线形，中部叶具齿，上部叶全缘，两面均密被贴糙毛。头状花序多数，在茎端排列成总状或总状圆锥花序，具花序梗；总苞椭圆状卵形，总苞片2-3层，线形，顶端尖，背面密被灰白色短糙毛，外层稍短或短于内层之半，具干膜质边缘。花托稍平，有明显的蜂窝孔；雌花多层，白色，花冠细管状，无舌片或顶端仅有3-4个细齿；两性花淡黄色，花冠管状，管部上部被疏微毛，上端具5齿裂；瘦果线状披针形，扁压，被疏短毛；冠毛1层，淡红褐色。花期5-10月。

生境：生于荒地、田边或路旁。耐盐耐旱。常见。

分布：永兴岛、赵述岛。东方、万宁和南沙群岛。我国中部、东部、南部至西南部各省份有分布。原产南美洲，现广布于热带、亚热带地区。

一点红

Emilia sonchifolia (Linn.) DC.

菊科，一点红属。一年生草本。基部分枝，灰绿色，无毛或被疏短毛。叶质较厚，下部叶密集，大头羽状分裂，顶生裂片大，宽卵状三角形，顶端钝或近圆形，具不规则的齿，侧生裂片通常 1 对，长圆形或长圆状披针形，顶端钝或尖，具波状齿，上面深绿色，下面常变紫色，两面被短卷毛；中部茎叶疏生，较小，卵状披针形或长圆状披针形，无柄，基部箭状抱茎，顶端急尖，全缘或有不规则细齿；上部叶少数，线形。头状花序，在开花前下垂，花后直立，通常 2-5，在枝端排列成疏伞房状；花序梗细，无苞片，总苞圆柱形，基部无小苞片；总苞片 1 层，8-9，长圆状线形或线形，黄绿色，约与小花等长，顶端渐尖，边缘窄膜质，背面无毛。小花粉红色或紫色，管部细长，檐部渐扩大，具 5 深裂瘦果圆柱形，具 5 棱，肋间被微毛；冠毛丰富，白色，细软。花果期 7-10 月。

生境： 常生长在湿润之地或荒坡上。耐盐耐旱。常见。

分布： 永兴岛、晋卿岛。乐东、昌江、白沙、五指山、万宁、琼中、儋州、澄迈、文昌。云南、贵州、四川、湖北、湖南、江苏、浙江、安徽、广东、福建、台湾有分布。亚洲、非洲均有分布。

图为一点红，拍摄于晋卿岛

飞机草

Chromolaena odorata (Linn.) R. M. King & H. Rob.

菊科，泽兰属。多年生草本。茎直立，苍白色，有细条纹；分枝粗壮，常对生，水平射出，与主茎成直角；全部茎枝被毛。叶对生，卵形、三角形或卵状三角形，质地稍厚，有叶柄，两面粗涩，被毛及红棕色腺点，基部平截或浅心形或宽楔形，顶端急尖，基出三脉，侧面纤细，在叶下面稍突起，花序下部的叶小，常全缘。头状花序。花序梗粗壮，密被稠密的短柔毛。总苞圆柱形，约含 20 个小花；总苞片 3-4 层，覆瓦状排列，外层苞片卵形，外面被短柔毛，顶端钝，向内渐长，中层及内层苞片长圆形，顶端渐尖；全部苞片有 3 条宽中脉，麦秆黄色，无腺点。花白色或粉红色。瘦果黑褐色，5 棱，无腺点，沿棱有稀疏的白色贴紧的顺向短柔毛。花果期 4-12 月。

生境：生长在村旁、山坡或疏林中。耐盐耐旱。常见。有害入侵植物，繁殖力极强。

分布：永兴岛、西沙洲、赵述岛、晋卿岛。三亚、乐东、昌江、白沙、五指山、陵水、万宁、琼中、儋州、琼海。台湾、广东、香港、澳门、广西、云南、贵州有分布。原产墨西哥，现广泛逸生于亚洲热带地区。

图为飞机草，拍摄于永兴岛

薇甘菊

Mikania micrantha Kunth

图为薇甘菊，拍摄于永兴岛

菊科，假泽兰属。多年生草本植物；茎圆柱状，有时管状，具棱；叶薄，淡绿色，卵心形或戟形，渐尖，茎生叶大多箭形或戟形，具深凹刻，近全缘至粗波状齿，或牙齿。圆锥花序顶生或侧生，复花序聚伞状分枝；头状花序小，花冠白色，喉部钟状，具长小齿，弯曲；瘦果黑色，表面分散有粒状突起物；冠毛鲜时白色。

生境：生长在村旁、山坡或疏林中。耐盐耐旱。常见。有害入侵植物。

分布：永兴岛。我国广泛分布。原产中美洲。南亚、东南亚也有分布。

假臭草

Praxelis clematidea R. M. King & H. Robinson

　　菊科，假臭草属。一年生或多年生草本植物。全株被长柔毛，茎直立，叶片对生，卵圆形至菱形，先端急尖，基部圆楔形，揉搓叶片可闻到类似猫尿的刺激性味道。头状花序，总苞钟形，总苞片可达5层，小花，藏蓝色或淡紫色。瘦果黑色，条状，种子顶端具一圈白色冠毛。花期长达6个月，几乎全年开花结果。

　　生境：生长在向阳荒地、山坡、滩涂及果园、林地或路旁。较为耐盐耐旱。较常见。有害入侵植物。

　　分布：永兴岛、西沙洲、赵述岛、晋卿岛。海南各地。原产南美洲，现广布于东半球热带地区。

图为假臭草，拍摄于西沙洲

南美蟛蜞菊

Sphagneticola trilobata (Linn.) Pruski

菊科，蟛蜞菊属。多年生草本植物，茎匍匐，上部茎近直立，光滑无毛或微被柔毛；叶对生、具齿，椭圆形、长圆形或线形，呈三浅裂，叶面富光泽，两面疏被贴生的短粗毛，几近无柄。头状花序中等大小，花黄色，小花多数；假舌状花呈放射状排列于花序四周，筒状花紧密生于内部，单生的头状花序生于从叶腋处伸长的花序轴上；瘦果倒卵形或楔状长圆形，具3-4棱，基部尖，顶端宽，截平，被密短柔毛，冠毛及冠毛环。花期几全年。

生境：生长在海滨、水边、石灰岩地区。耐盐耐旱。

分布：永兴岛。海南各地。原产南美洲，在中国西南及南方各城市均有引种栽培。

孪花蟛蜞菊

Wollastonia biflora (Linn.)Cand.

　　菊科，蟛蜞菊属。攀援状草本。茎粗壮，分枝，无毛或被疏贴生的短糙毛。下部叶有柄，叶片卵形至卵状披针形，基部截形、浑圆或稀有楔尖，顶端渐尖，边缘有规则的锯齿，两面被毛，主脉 3；上部叶较小，卵状披针形或披针形，基部通常楔尖。头状花序少数，生叶腋和枝顶，花序梗细弱，被短粗毛；总苞半球形或近卵状；总苞片 2 层，背面被糙毛；外层卵形至卵状长圆形，顶端钝或稍尖，内层卵状披针形，顶端三角状短尖；托片稍折叠，倒披针形或倒卵状长圆形，顶端钝或短尖，全缘，被短糙毛。舌状花 1 层，黄色，舌片倒卵状长圆形，顶端 2 齿裂，被疏柔毛；管状花花冠黄色，下部骤然收缩成细管状，檐部 5 裂，裂片长圆形，顶端钝，被疏短毛。瘦果倒卵形，具 3-4 棱，基部尖，顶端宽，截平，被密短柔毛。无冠毛及冠毛环。花期 4-6 月。

　　生境：生长在近海岸的砂质土壤上或丛林、灌木林中。耐盐耐旱。常见。

　　分布：永兴岛、西沙洲、南沙洲、北岛、中岛、南岛、赵述岛、晋卿岛、甘泉岛。三亚、乐东、昌江、白沙、万宁、琼海、文昌、海口和南沙群岛。越南、印度、菲律宾、马来西亚、印度尼西亚、日本以及太平洋岛屿也有分布。

图为孪花蟛蜞菊，拍摄于北岛

羽芒菊

Tridax procumbens Linn.

菊科，羽芒菊属。多年生铺地草本。茎纤细，平卧，节处常生多数不定根，略呈四方形，分枝，被毛。基部叶略小，花期凋萎；中部叶有柄，叶片披针形或卵状披针形，基部渐狭或几近楔形，顶端披针状渐尖，边缘有不规则的粗齿和细齿，近基部常浅裂；上部叶小，卵状披针形至狭披针形，具短柄，基部近楔形，顶端短尖至渐尖，边缘有粗齿或基部近浅裂。头状花序，花序梗被毛；总苞钟形，外层绿色，叶质或边缘干膜质，卵形或卵状长圆形；花托稍突起，顶端芒尖。雌花1层，舌状，舌片长圆形，顶端2-3浅裂，被毛；两性花多数，花冠管状，被短柔毛，上部稍大，檐部5浅裂，裂片长圆状或卵状渐尖。瘦果陀螺形、倒圆锥形或稀圆柱状，干时黑色，密被疏毛。冠毛上部污白色，下部黄褐色，羽毛状。

生境：生长在旷野、荒地、坡地或路旁阳处。很常见。耐盐耐旱。有害入侵植物。

分布：永兴岛、赵述岛、北岛、晋卿岛、甘泉岛、石岛。三亚、乐东、东方、昌江、万宁、儋州和南沙群岛。我国台湾至东南部沿海各省份及其南部一些岛屿有分布。原产热带美洲，现广泛分布于热带地区。

图为羽芒菊，拍摄于甘泉岛

图为羽芒菊，拍摄于石岛

鳢肠

Eclipta prostrata (L.) L.

菊科，鳢肠属。一年生草本。茎直立，斜升或平卧，通常自基部分枝，被贴生糙毛。叶长圆状披针形或披针形，无柄或有极短的柄，顶端尖或渐尖，边缘有细锯齿或有时仅波状，两面被密硬糙毛。头状花序，具细花序梗；总苞球状钟形，总苞片绿色，草质，5-6 个排成 2 层，长圆形或长圆状披针形，外层较内层稍短，背面及边缘被白色短伏毛；外围的雌花 2 层，舌状，舌片短，顶端 2 浅裂或全缘，中央的两性花多数，花冠管状，白色，顶端 4 齿裂；花柱分枝钝，有乳头状突起；花托凸，有披针形或线形的托片。托片中部以上有微毛；瘦果暗褐色，雌花的瘦果三棱形，两性花的瘦果扁四棱形，顶端截形，具 1-3 个细齿，基部稍缩小，边缘具白色的肋，表面有小瘤状突起，无毛。花期 6-9 月。

生境：生于河边、田边或路旁。

分布：永兴岛。海南各地有分布。全国各省（区、市）也有分布。世界热带及亚热带地区广泛分布。

162

163

图为鳢肠，拍摄于永兴岛

草海桐科

Goodeniaceae

草海桐

Scaevola taccada (Gaertner) Roxburgh

草海桐科，草海桐属。灌木或小乔木。叶螺旋状排列，大部分集中于分枝顶端，颇像海桐花，无柄或具短柄，匙形至倒卵形，基部楔形，顶端圆钝，平截或微凹，全缘或边缘波状。聚伞花序腋生。苞片和小苞片小，腋间有一簇长须毛；花梗与花之间有关节；花萼无毛，筒部倒卵状，裂片条状披针形；花冠白色或淡黄色，筒部细长，后方开裂至基部；花药在花蕾中围着花柱上部和集粉杯下部粘成一管，药隔超出药室，顶端呈片状。核果卵球状，白色而无毛或有柔毛，有2条径向沟槽，将果分为两爿，每爿有4条棱，2室，每室有一颗种子。花期夏季，果期冬季。

生境：生长在海湾两岸的石砾砂土上或海川出海两旁的荒地上。常见。抗风耐盐耐旱。

分布：永兴岛、赵述岛、南沙洲、北岛、中岛、南岛、北沙洲、晋卿岛、甘泉岛、鸭公岛、银屿。三亚、东方、昌江、陵水、万宁、儋州、澄迈、琼海、文昌、海口和南沙群岛。台湾、福建、广东、广西有分布。东南亚和日本、马达加斯加及大洋洲热带以及密克罗尼西亚、夏威夷也有分布。

图为草海桐，
拍摄于鸭公岛

图为草海桐，
拍摄于甘泉岛

图为草海桐，
拍摄于赵述岛

紫草科

Boraginaceae

基及树

Carmona microphylla (Lam.) G.Don

紫草科，基及树属。灌木。具褐色树皮，多分枝；分枝细弱，幼嫩时被稀疏短硬毛；腋芽圆球形，被淡褐色绒毛。叶革质，倒卵形或匙形，先端圆形或截形，具粗圆齿，基部渐狭为短柄，上面有短硬毛或斑点，下面近无毛。团伞花序开展；花序梗细弱，被毛；花梗极短；花萼裂至近基部，裂片线形或线状倒披针形，中部以下渐狭，被开展的短硬毛，内面有稠密的伏毛；花冠钟状，白色或稍带红色，裂片长圆形，伸展，较筒部长；花丝着生花冠筒近基部，花药长圆形，伸出；花柱无毛。核果，内果皮圆球形，具网纹，先端有短喙。花期1-4月。

生境：生长在低海拔至中海拔的疏林或灌丛中。耐盐耐旱。常见。

分布：永兴岛、赵述岛。三亚、乐东、东方、昌江、白沙、五指山、保亭、陵水、万宁、琼中、儋州、临高、澄迈、海口。广东西南部、台湾有分布。印度尼西亚、日本、澳大利亚也有分布。

图为基及树，拍摄于赵述岛

橙花破布木

Cordia subcordata Lam.

紫草科，破布木属。小乔木。树皮黄褐色；小枝无毛。叶卵形或狭卵形，先端尖或急尖，基部钝或近圆形，稀心形，全缘或微波状，上面具明显或不明显的斑点，下面叶脉或脉腋间密生棉毛；叶柄无毛。聚伞花序与叶对生；花萼革质，圆筒状，具短小而不整齐的裂片；花冠橙红色，漏斗形，具圆而平展的裂片。坚果卵球形或倒卵球形，具木栓质的中果皮，被增大的宿存花萼完全包围。花果期 6 月。

生境：生长在海边沙地疏林及海岛砂质土上。抗风耐盐耐旱。

分布：永兴岛、甘泉岛、珊瑚岛、晋卿岛。三亚和南沙群岛。越南、印度以及非洲东海岸和太平洋南部诸岛屿也有分布。

图为橙花破布木，
拍摄于珊瑚岛

银毛树

Tournefortia argentea Linnaeus f.

紫草科，砂引草属。灌木及小乔木。小枝粗壮，密生锈色或白色柔毛。叶倒披针形或倒卵形，生小枝顶端，先端钝或圆，自中部以下渐狭为叶柄，上下两面密生丝状黄白色毛。镰状聚伞花序顶生，呈伞房状排列，密生锈色短柔毛；花萼肉质，无柄，5深裂，裂片长圆形，倒卵形或近圆形，外面密生锈色短柔毛，内面仅基部被毛或近无毛；花冠白色，筒状，裂片卵圆形，开展，比花筒长，外面仅中央具1列糙伏毛，其余无毛；雄蕊稍伸出，花药卵状长圆形，花丝极短，不明显；子房近球形，无毛，花柱不明显，柱头2裂，基部为膨大的肉质环状物围绕。核果近球形，无毛。花果期4-6月。

生境： 生长在海边沙地。抗风耐盐耐旱。

分布： 永兴岛、北沙洲、中沙洲、南沙洲、赵述岛、北岛、中岛、南岛、晋卿岛、甘泉岛、鸭公岛、银屿。三亚、乐东、东方、白沙、保亭、澄迈。台湾省有分布。越南也有分布。

...

图为银毛树，
拍摄于银屿

茄科

Solanaceae

辣椒

Capsicum annuum Linn.

茄科，辣椒属。一年生植物。茎近无毛或微生柔毛，分枝稍"之"字形折曲。叶互生，枝顶端节不伸长而呈双生或簇生状，矩圆状卵形、卵形或卵状披针形，全缘，顶端短渐尖或急尖，基部狭楔形。花单生，俯垂；花萼杯状，不显著 5 齿；花冠白色，裂片卵形；花药灰紫色。果梗较粗壮，俯垂；果实长指状，顶端渐尖且常弯曲，未成熟时绿色，成熟后呈红色、橙色或紫红色，味辣。种子扁肾形，淡黄色。花期 6-8 月，果期 9-12 月。

生境：栽培植物。喜温暖干燥环境。不耐旱也不耐涝。

分布：永兴岛、赵述岛、晋卿岛均有栽培。三亚、乐东 、东方、昌江、白沙、五指山、保亭、万宁、琼中、儋州、澄迈、海口和南沙群岛有栽培。我国南北均有栽培。原产南美洲热带地区。

图为辣椒，拍摄于赵述岛

番茄

Lycopersicon esculentum Mill.

　　茄科，番茄属。草本。全体生黏质腺毛，有强烈气味。茎易倒伏。叶羽状复叶或羽状深裂，小叶极不规则，大小不等，常 5-9 枚，卵形或矩圆形，边缘有不规则锯齿或裂片。常 3-7 朵花；花萼辐状，裂片披针形，果时宿存；花冠辐状，黄色。浆果扁球状或近球状，肉质多汁液，桔黄色或鲜红色，光滑；种子黄色。花果期夏秋季。

　　生境：栽培植物。

　　分布：赵述岛、北岛均有栽培。乐东、万宁和南沙群岛有栽培。中国各省（区、市）广泛栽培。原产墨西哥和南美洲，现全球广泛栽培。

图为番茄，
拍摄于赵述岛

夜香树

Cestrum nochurnum Linn.

茄科，夜香树属。直立或近攀援状灌木。全体无毛；枝条细长而下垂。叶有短柄，叶片矩圆状卵形或矩圆状披针形，全缘，顶端渐尖，基部近圆形或宽楔形，两面秃净而发亮，有6-7对侧脉。伞房式聚伞花序，腋生或顶生，疏散，有极多花；花绿白色至黄绿色，晚间极香。花萼钟状，5浅裂；花冠高脚碟状，筒部伸长，下部极细，向上渐扩大，喉部稍缢缩，裂片5，直立或稍开张，卵形，急尖；雄蕊伸达花冠喉部，每花丝基部有1齿状附属物，花药极短，褐色；子房有短的子房柄，卵状，花柱伸达花冠喉部。浆果矩圆状，有1颗种子。种子长卵状。花果期5-9月。

生境： 栽培植物。喜温暖湿润和向阳通风环境。不耐寒。

分布： 永兴岛。万宁、海口有栽培。福建、广东、广西和云南有栽培。原产南美洲，世界热带地区广泛栽培。

图为夜香树，拍摄于永兴岛

白花曼陀罗（洋金花）

Datura metel Linn.

　　茄科，曼陀罗属。草本或亚灌木。全体近无毛；茎基部稍木质化。叶卵形或广卵形，顶端渐尖，基部不对称圆形、截形或楔形，边缘有不规则的短齿或浅裂，或者全缘而波状，侧脉每边 4-6 条；花单生于枝叉间或叶腋，具花梗。花萼筒状，裂片狭三角形或披针形，果时宿存部分增大成浅盘状；花冠长漏斗状，筒中部之下较细，向上扩大呈喇叭状，裂片顶端有小尖头，白色、黄色或浅紫色，单瓣，在栽培类型中有 2 重瓣或 3 重瓣；雄蕊 5，在重瓣类型中常变态成 15 枚左右；子房疏生短刺毛。蒴果近球状或扁球状，疏生粗短刺，不规则 4 瓣裂。种子淡褐色。花果期全年。

　　生境： 生长在海拔 100m 以下向阳的荒地或村边路旁。耐旱。常见。

　　分布： 永兴岛。三亚、乐东、昌江、白沙、五指山、保亭、万宁、儋州、临高、海口。台湾、福建、广东、广西、云南、贵州等省（区）常为野生，江苏、浙江栽培较多，江南其他省份和北方许多城市有栽培。

图为白花曼陀罗，拍摄于永兴岛

小酸浆

Physalis minima Linn.

　　茄科，酸浆属。一年生草本，根细瘦；主轴短缩，顶端多二歧分枝，分枝披散而卧于地上或斜升，生短柔毛。叶柄细弱；叶片卵形或卵状披针形，顶端渐尖，基部歪斜楔形，全缘而波状或有少数粗齿，两面脉上有柔毛。花具细弱的花梗，花梗生短柔毛；花萼钟状，外面生短柔毛，裂片三角形，顶端短渐尖，缘毛密；花冠黄色；花药黄白色。果梗细瘦，俯垂；果萼近球状或卵球状；果实球状。花期夏季，果期秋季。

　　生境：生长在低海拔旷野、荒地或路旁。耐盐耐旱。

　　分布：永兴岛、赵述岛、晋卿岛。三亚、白沙、万宁。云南、广东、广西及四川有分布。广布于东半球热带、亚热带地区。

图为小酸浆，拍摄于晋卿岛

茄

Solanum melongena Linn.

　　茄科，茄属。草本或亚灌木。小枝、叶、叶柄、花梗、花萼、花冠、子房顶端及花柱中下部均被星状毛，小枝多为紫色（野生具皮刺），渐老则毛被逐渐脱落。叶大，卵形至长圆状卵形，先端钝，基部不相等，边缘浅波状或深波状圆裂，侧脉每边4-5条。能孕花单生，花柄花后常下垂，不孕花蝎尾状与能孕花并出；萼近钟形，具皮刺，萼裂片披针形，先端锐尖，花冠辐状，裂片三角形；子房圆形，柱头浅裂。果的形状大小变异极大。花果期夏秋季。

　　生境： 栽培植物。

　　分布： 永兴岛、北岛。乐东、东方、万宁、琼中、定安和西沙群岛、南沙群岛等地有栽培。我国各省份均有栽培。原产亚洲热带地区。

图为茄，拍摄于永兴岛

疏刺茄

Solanum nienkui Merr.&Chun

　　茄科，茄属。灌木。幼枝常被星状毛，无刺，后渐脱落；叶卵形或长圆状卵形，先端尖或钝，基部圆或楔形，两侧不对称，全缘或微波状，两面被星状毛，上面中脉有时具小钩刺，侧脉 4-5 对；密被星状毛，无刺或具小钩刺；蝎尾状总状花序腋外生，稀顶生；花梗被星状毛；花萼钟状，密被星状毛，裂片长圆状卵形，先端渐尖；花冠辐形，蓝紫色，被星状毛，裂片常 3 长 2 短，三角形；花柱柱头 2 浅裂；浆果球形，无毛，果柄被星状毛；种子近肾形，具网纹。花果期 5-12 月。

　　生境：生长在林下或灌木丛中。耐盐耐旱。

　　分布：赵述岛。三亚、乐东、东方、昌江、白沙、五指山、临高。广东有分布。越南也有分布。

图为疏刺茄，拍摄于赵述岛

少花龙葵

Solanum americanum Miller

　　茄科，茄属。草本。茎无毛或近于无毛。叶薄，卵形至卵状长圆形，先端渐尖，基部楔形下延至叶柄而成翅，叶缘近全缘，波状或有不规则的粗齿，两面均具疏柔毛，有时下面近于无毛；叶柄纤细，具疏柔毛。花序近伞形，腋外生，纤细，具微柔毛，着生 1-6 朵花，花小；萼绿色，5 裂达中部，裂片卵形，先端钝，具缘毛；花冠白色，筒部隐于萼内，5 裂，裂片卵状披针形；花丝极短，花药黄色，长圆形，约为花丝长度的 3-4 倍，顶孔向内；子房近圆形，花柱纤细，中部以下具白色绒毛，柱头小，头状。浆果球状，幼时绿色，成熟后黑色；种子近卵形，两侧压扁。花果期全年。

　　生境：生长在路旁、溪边和村边荒地等阴湿处。耐旱。常见。

　　分布：永兴岛、赵述岛、晋卿岛。三亚、东方、昌江、白沙。云南南部、江西、湖南、广西、广东、台湾有分布。世界热带、温带地区也有分布。

图为少花龙葵，拍摄于晋卿岛

旋花科

Convolvulaceae

空心菜（蕹菜）

Ipomoea aquatica Forsk.

旋花科，番薯属。一年生草本；茎圆，中空，无毛；叶三角状长椭圆形，基部心形或戟形，全缘或波状，无毛；聚伞花序腋生；萼片卵圆形，先端钝，无毛；花冠白、淡红或紫色，漏斗状；蒴果卵球形或球形；种子被毛；花期9-12月。

生境：栽培植物，喜温暖湿润气候，耐炎热，不耐霜冻。

分布：永兴岛、北岛、赵述岛均有栽培。三亚、五指山、万宁、屯昌和南沙群岛有栽培或逸生。我国中部及南部各省份常见栽培，北方较少。本种原产我国，现已作为一种蔬菜广泛栽培，或逸为野生状态。

图为空心菜，拍摄于赵述岛

番薯

Ipomoea batatas (Linn.) Lam.

旋花科，番薯属。藤本。具乳汁；块根白、红或黄色；茎生不定根，匍匐地面；叶宽卵形或卵状心形，先端渐尖，基部心形或近平截，全缘或具缺裂；聚伞花序具1、3、7花组成伞状；苞片披针形，先端芒尖或骤尖；萼片长圆形，先端骤芒尖；花冠粉红、白、淡紫或紫色，钟状或漏斗状，无毛；雄蕊及花柱内藏；蒴果卵形或扁圆形；种子2(1-4)，无毛；花期9-12月。

生境：栽培植物。喜温喜光，不耐寒。

分布：永兴岛、赵述岛、北岛、银屿。三亚、乐东、东方、白沙、五指山、万宁、琼中、儋州和南沙群岛等地有栽培。中国南、北大部分地区普遍栽培。原产美洲热带地区，现已广泛栽培在全世界的热带、亚热带地区。

图为番薯，拍摄于赵述岛

厚藤

Ipomoea pes-caprae (Linn.) R. Brown

　　旋花科，番薯属。多年生草本。全株无毛；茎平卧，有时缠绕。叶肉质，干后厚纸质，卵形、椭圆形、圆形、肾形或长圆形，顶端微缺或 2 裂，裂片圆，裂缺浅或深，有时具小凸尖，基部阔楔形、截平至浅心形；在背面近基部中脉两侧各有 1 枚腺体，侧脉 8-10 对。多歧聚伞花序，腋生，有时仅 1 朵发育；花序梗粗壮；苞片小，阔三角形，早落；萼片厚纸质，卵形，顶端圆形，具小凸尖；花冠紫色或深红色，漏斗状；雄蕊和花柱内藏。蒴果球形，2 室，果皮革质，4 瓣裂。种子三棱状圆形，密被褐色茸毛。花期几全年，尤以夏、秋季最盛。

　　生境：多生长在海滨沙滩上。常见。耐盐耐旱。

　　分布：永兴岛、晋卿岛、甘泉岛、赵述岛、西沙洲、南沙洲、北岛、中岛、南岛、银屿。三亚、东方、万宁、临高、文昌、海口和南沙群岛。浙江、福建、台湾、广东、广西均有分布。广布于热带地区。

图为厚藤，拍摄于西沙洲

长管牵牛（管花薯）

Ipomoea tuba（Schlecht.）G. Don

旋花科，番薯属。藤本。全株无毛；茎缠绕，木质化，圆柱形或具棱，干后淡黄色，有纵皱纹或有小瘤体。叶干后薄纸质，圆形或卵形，顶端短渐尖，具小短尖头，基部深心形，两面无毛，侧脉 7-8 对，第三次脉平行连结。聚伞花序腋生，有 1 至数朵花；萼片薄革质，近圆形，顶端圆或微凹，具小短尖头，几等长或内萼片稍短，结果时增大，初时如杯状包围蒴果，而后反折；花冠高脚碟状，白色，具绿色的瓣中带，入夜开放；雄蕊和花柱内藏；花丝基部有毛，着生花冠管近基部；子房无毛。蒴果卵形，2 室，4 瓣裂。种子 4，黑色，密被短茸毛。花期4-10 月。

生境：生长在海滩或沿海的台地灌丛中。耐盐耐旱。

分布：永兴岛、西沙洲、赵述岛、北岛、中岛、南岛、晋卿岛、鸭公岛。三亚和南沙群岛。广东、台湾有分布。非洲东部、亚洲东南部以及美洲热带地区也有分布。

182
183

图为长管牵牛，
拍摄于南岛

紫葳科

Bignoniaceae

吊瓜树（吊灯树，腊肠树）

Kigelia Africana (Lam.) Benth.

　　紫葳科，吊灯树属。乔木。奇数羽状复叶，交互对生或轮生；小叶7-9，长圆形或倒卵形，全缘，下面淡绿色，被微柔毛，近革质，羽状脉；花序下垂；花稀疏，6-10朵；花萼钟状，近革质；花冠桔黄或褐红色，裂片卵圆形，上唇2片较小，下唇3裂片较大，开展，花冠筒具凸起纵肋；雄蕊外露，花药"个"字形着生；果下垂，圆柱形，坚硬、不裂；种子多数，无翅，镶于木质的果肉内。花期夏、秋季。

　　生境：栽培植物。喜强光温暖湿润环境。耐盐耐旱。

　　分布：永兴岛。海南各地有栽培。华南以及台湾、福建、云南均有栽培。原产热带非洲。

图为吊瓜树，拍摄于永兴岛

爵床科

Acanthaceae

翠芦莉（蓝花草）

Ruellia simplex C.Wright

爵床科，芦莉草属。直立草本。茎下部叶有稍长柄，叶片线状披针形，全缘或边缘具疏锯齿；总状花序数个组成圆锥花序，花腋生，花冠漏斗状，5 裂，紫色、粉色或白色，具放射状条纹，细波浪状；花期 3-10 月。

生境： 栽培植物。植株抗逆性强，适应性广，喜高温，耐酷暑，耐盐耐旱。

分布： 永兴岛有栽培。海南各地均有栽培。原产墨西哥。

图为翠芦莉，拍摄于永兴岛

宽叶十万错

Asystasia gangetica (L.) T. Anders.

爵床科，十万错属。多年生草本，外倾，叶具叶柄，椭圆形，基部急尖，钝，圆或近心形，几全缘，两面稀疏被短毛，上面钟乳体点状，总状花序顶生，花序轴4棱，棱上被毛，较明显，花偏向一侧。苞片对生，三角形，疏被短毛；小苞片2，似苞片，着生于花梗基部；花梗无毛；花萼5深裂，仅基部结合，裂片披针形、线形，被腺毛。花冠短，略两唇形，外面被疏柔毛；花冠管基部圆柱状，上唇2裂，裂片三角状卵形，先端略尖，下唇3裂，裂片长卵形、椭圆形，中裂片两侧自喉部向下有2条褶襞直至花冠筒下部，褶襞密被白色柔毛，并有紫红色斑点；雄蕊4，花丝无毛，每边一长一短，在基部两两结合成对，花药紫色，背着，长圆形，2室不等高，基部具短尖头；花柱基部被长柔毛，子房密被长柔毛，具杯状花盘，花盘多少钝圆，5浅裂。蒴果。

生境： 旷野中。喜光耐旱。

分布： 云南、广西、广东有分布。分布于印度、泰国、中南半岛至马来半岛，现已成为泛热带杂草。

图为宽叶十万错，拍摄于甘泉岛

马鞭草科

Verbenaceae

苦郎树

Clerodendrum inerme (Linn.) Gaertn.

马鞭草科，大青属。直立或攀援灌木；根、茎、叶有苦味；幼枝四棱，被短柔毛；叶卵形、椭圆形或椭圆状披针形，先端钝尖，基部楔形，全缘，下面无毛或沿脉疏被短柔毛，两面疏被黄色腺点，微反卷；聚伞花序，稀二歧分枝，具3(7-9)花，芳香；苞片线形，无毛；花萼钟状，被柔毛，具5微齿，果时近平截；花冠白色，5裂，裂片椭圆形，疏被腺点；雄蕊伸出，花丝紫红；核果倒卵圆形或近球形，黄灰色。花期3-11月。

生境：我国南部沿海防沙造林树种。常生长在海岸沙滩和潮汐能至处。耐盐耐旱。常见。

分布：永兴岛、甘泉岛。三亚、东方、万宁、临高、琼海、文昌、海口。福建、台湾、广东、广西有分布。印度和东南亚至大洋洲北部以及太平洋上的一些岛屿也有分布。

图为苦郎树，
拍摄于甘泉岛

假连翘

Duranta repens L.

马鞭草科，假连翘属。灌木。枝被皮刺；叶卵状椭圆形或卵状披针形，先端短尖或钝，基部楔形，全缘或中部以上具锯齿，被柔毛；总状圆锥花序；花萼管状，被毛，5裂，具5棱；花冠蓝紫色，稍不整齐，5裂，裂片平展，内外被微毛；核果球形，无毛，红黄色，为宿萼包被。花果期5-11月。

生境： 生于平原阳处、山谷路旁。

分布： 永兴岛、赵述岛、甘泉岛。乐东、万宁、儋州、海口有栽培。我国南部常见栽培，常逸为野生。原产热带美洲。

图为假连翘，拍摄于甘泉岛

马缨丹

Lantana camara Linn.

　　马鞭草科，马缨丹属。直立或蔓性的灌木，有时藤状；茎枝均呈四方形，有短柔毛，通常有短而倒钩状刺。单叶对生，揉烂后有强烈的气味，叶片卵形至卵状长圆形，顶端急尖或渐尖，基部心形或楔形，边缘有钝齿，表面有粗糙的皱纹和短柔毛，背面有小刚毛，侧脉约 5 对；花序梗粗壮，长于叶柄；苞片披针形，长为花萼的 1-3 倍，外部有粗毛；花萼管状，膜质，顶端有极短的齿；花冠黄色或橙黄色，开花后不久转为深红色，两面有细短毛；子房无毛。果圆球形，成熟时紫黑色。花期几全年。

　　生境：常生长在海边沙滩和空旷地区。

　　分布：永兴岛、晋卿岛、甘泉岛。三亚、乐东、东方、陵水、万宁、儋州。台湾、福建、广东、广西有分布，见有逸生。原产美洲热带地区，世界热带地区均有分布。

图为马樱丹，拍摄于甘泉岛

假马鞭

Stachytarpheta jamaicensis (Linn.) Vahl

马鞭草科，假马鞭属。多年生草本或亚灌木。幼枝近四方形，疏生短毛。叶片厚纸质，椭圆形至卵状椭圆形，顶端短锐尖，基部楔形，边缘有粗锯齿，两面均散生短毛，侧脉 3-5，在背面突起。穗状花序顶生；花单生于苞腋内，一半嵌生于花序轴的凹穴中，螺旋状着生；苞片边缘膜质，有纤毛，顶端有芒尖；花萼管状，膜质、透明、无毛；花冠深蓝紫色，内面上部有毛，顶端 5 裂，裂片平展；雄蕊 2，花丝短，花药 2 裂；花柱伸出，柱头头状；子房无毛。果内藏于膜质的花萼内，成熟后 2 瓣裂，每瓣有 1 种子。花期 8 月，果期 9-12 月。

生境：生长在海拔 800m 以下的山坡、草地和沙滩，很常见。耐盐耐旱。

分布：永兴岛、晋卿岛、西沙洲、甘泉岛。三亚、乐东、东方、白沙、万宁、儋州、文昌、海口和南沙群岛。福建、广东、广西和云南南部。原产中南美洲，现东南亚广泛分布。

图为假马鞭，拍摄于西沙洲

芭蕉科

Musaceae

旅人蕉

Ravenala madagascariensis Adans.

芭蕉科，旅人蕉属。乔木状草本。茎似棕榈；叶2行排列于茎顶，形似大折扇；叶长圆形，似蕉叶，叶柄长，具鞘；花序腋生，较叶柄短，由10-12个成2行排列于花序轴上的佛焰苞所组成；佛焰苞舟状；花两性，白色，在佛焰苞内排成蝎尾状聚伞花序；萼片3，分离，几相等；花瓣3，与萼片相似，近等长，仅中央1枚稍窄；发育雄蕊6，分离；子房扁，3室，每室胚珠多数，花柱线形，柱头纺锤状，具6枚短齿；蒴果木质，室背3瓣裂，种子多数；种子肾形，包藏于蓝或红色呈撕裂状假种皮内。

生境：栽培植物。喜向阳温暖高湿环境。

分布：永兴岛、赵述岛、晋卿岛均有栽培。海口有栽培。云南、广东、台湾也有栽培。原产马达加斯加，现热带地区广有栽培。

图为旅人蕉，拍摄于永兴岛

黄丽鸟蕉（黄蝎尾蕉）

Heliconia subulata Ruiz & Pav.

芭蕉科，蝎尾蕉属。多年生常绿丛生花卉。单叶互生，长椭圆状披针形，革质，有光泽，深绿色，全缘；穗状花序，顶生，直立，花序轴黄色，微曲呈"之"字形，苞片金黄色，长三角形，顶端边缘带绿色；舌状花小，绿白色；蒴果；花盛开于春季至夏季、秋季。

生境：栽培植物，喜温暖湿润环境。

分布：永兴岛。云南、台湾有栽培。原产巴西。

图为黄丽鸟蕉，
拍摄于永兴岛

姜科

Zingiberaceae

姜

Zingiber officinale Rosc.

　　姜科，姜属。草本。根茎肥厚，多分枝，有芳香及辛辣味。叶片披针形或线状披针形，无毛，无柄；叶舌膜质。穗状花序球果状；苞片卵形，淡绿色或边缘淡黄色，顶端有小尖头；花冠黄绿色，裂片披针形；唇瓣中央裂片长圆状倒卵形，短于花冠裂片，有紫色条纹及淡黄色斑点，侧裂片卵形；雄蕊暗紫色；药隔附属体钻状。花期夏秋季。

　　生境：栽培植物，喜温暖湿润气候，喜阴不耐旱。

　　分布：永兴岛、赵述岛、晋卿岛。海南各地有栽培。各省（区）广为栽培。全世界热带、亚热带地区广泛栽培。

图为姜，
拍摄于赵述岛

图为姜，拍摄于晋卿岛

百合科

Liliaceae

小花龙血树（海南龙血树）

Dracaena cambodiana Pierre ex Gagnep.

百合科，龙血树属。灌木状。茎不分枝或分枝，树皮带灰褐色，幼枝有密环状叶痕。叶聚生于茎、枝顶端，几乎互相套迭，剑形，薄革质，向基部略变窄而后扩大，抱茎，无柄。花序轴无毛或近无毛；花每 3-7 朵簇生，绿白色或淡黄色；花丝扁平，无红棕色疣点；花柱稍短于子房。浆果。花期 3-5 月，果期 6-8 月。

生境：生长在林中或干燥沙壤土上，耐盐耐旱。

分布：永兴岛、赵述岛、北岛。乐东、万宁、儋州。中南半岛、东南亚以及巴布亚新几内亚、澳大利亚也有分布。

图为小花龙血树，拍摄于北岛

天南星科

Araceae

野芋

Colocasia antiquorum Schott

天南星科，芋属。湿生草本。块茎球形，有多数须根；匍匐茎常从块茎基部外伸，长或短，具小球茎。叶柄肥厚，直立；叶片薄革质，表面略发亮，盾状卵形，基部心形；前裂片宽卵形，锐尖，长稍胜于宽，罗级侧脉 4-8 对；后裂片卵形，钝，基部弯缺为宽钝的三角形或圆形，基脉相交成 30°-40° 的锐角。花序柄比叶柄短许多。佛焰苞苍黄色，管部淡绿色，长圆形；檐部狭长的线状披针形，先端渐尖。肉穗花序短于佛焰苞：雌花序与不育雄花序等长；子房具极短的花柱。花期夏秋季。

生境：生长于林下阴湿处。常见。

分布：永兴岛、北岛。三亚、乐东、白沙、五指山、保亭、万宁、儋州。华南地区有分布。中南半岛以及印度、孟加拉国、日本也有分布。

图为野芋，拍摄于北岛

绿萝

Epipremnum aureum (Linden et Andre) Bunting Ann.

天南星科，麒麟叶属。高大藤本。茎攀援，节间具纵槽；多分枝，枝悬垂；成熟枝上叶柄粗壮，基部稍扩大，腹面具宽槽，叶鞘长，叶片薄革质，翠绿色，通常（特别是叶面）有多数不规则的纯黄色斑块，全缘，不等侧的卵形或卵状长圆形，先端短渐尖，基部深心形，Ⅰ级侧脉8-9对，稍粗，两面略隆起，与强劲的中肋成70°-80°（90°）角，其间Ⅱ级侧脉较纤细，细脉微弱，与Ⅰ、Ⅱ级侧脉网结。

生境：栽培植物。喜阴，喜湿热耐旱。

分布：永兴岛。海南各地有栽培。中国各地广泛栽培。原产所罗门群岛，现广植亚洲各热带地区。

图为绿萝，拍摄于永兴岛

石蒜科

Amaryllidaceae

葱

Allium fistulosum Linn

　　石蒜科，葱属。草本。鳞茎单生或聚生，圆柱状，稀窄卵状圆柱形，外皮白色，稀淡红褐色，膜质或薄革质，不破裂；叶圆柱状，中空，与花葶近等长；花梗近等长，纤细，等于或长为花被片 2-3 倍，无小苞片；花白色；花被片卵形，先端渐尖，具反折小尖头，内轮稍长：花丝等长，锥形，长为花被片 1.5-2 倍，基部合生并与花被片贴生；子房倒卵圆形，腹缝基部具不明显蜜穴，花柱伸出花被。花果期 4-8 月。

　　生境：栽培植物。喜温耐寒，耐旱不耐涝。

　　分布：永兴岛。海南各地均有栽培。中国各地广泛栽培。原产亚洲，现世界温带至亚热带地区广泛栽培。

图为葱，拍摄于永兴岛

韭菜（韭）

Allium tuberosum Rottler ex Sprengle

石蒜科，葱属。草本。鳞茎簇生，圆柱状，外皮暗黄或黄褐色，网状或近网状；叶线形，扁平，实心，短于花葶，叶缘光滑；花梗近等长，长为花被片 2-4 倍，具小苞片，数枚花梗基部为一苞片所包；花白色，花被片中脉绿或黄绿色，内轮长圆状倒卵形，稀长圆状卵形，外轮常稍窄，长圆状卵形或长圆状披针形；花丝等长，基部合生并与花被片贴生，窄三角形，内轮基部稍宽；子房倒圆锥状球形，具疣状突起，基部无凹陷蜜穴。花果期 7-9 月。

生境： 栽培植物。喜冷凉耐阴，耐寒也耐热。

分布： 永兴岛、赵述岛、银屿。海南各地有栽培。原产中国，现亚洲热带地区广泛栽培。

图为韭菜，拍摄于赵述岛

水鬼蕉

Hymenocallis littoralis (Jacq.) Salisb.

　　石蒜科，水鬼蕉属。草本。叶 10-12 枚，剑形，顶端急尖，基部渐狭，深绿色，多脉，无柄。花茎扁平；佛焰苞状，基部极阔；花茎顶端生花 3-8 朵，白色；花被管纤细，花被裂片线形，通常短于花被管；杯状体（雄蕊杯）钟形或阔漏斗形，有齿；花柱约与雄蕊等长或更长。花期夏末秋初。

　　生境： 栽培植物。喜温暖湿润，耐旱不耐寒。

　　分布： 永兴岛、西沙洲、赵述岛、鸭公岛。海口有栽培。中国华南地区广泛栽培。原产美洲热带地区。西印度群岛。

200

201

图为水鬼蕉，
拍摄于鸭公岛

龙舌兰科

Agavaceae

金边龙舌兰

Agave americana var. *marginata* Trel

　　龙舌兰科，龙舌兰属。多年生草本。茎不明显；叶基生呈莲座状，肉质，常30-40枚或更多，倒披针形，先端具暗褐色硬尖刺，叶缘金色，疏生刺状小齿；花茎粗壮，圆锥花序大型，具多花；蒴果长圆形。

　　生境：栽培植物。喜温喜阳，耐盐耐旱。

　　分布：永兴岛、甘泉岛。中国华南及西南地区有栽培。原产热带美洲。

图为金边龙舌兰，拍摄于甘泉岛

剑麻

Agave sisalana Perr. ex Engelm.

　　龙舌兰科，龙舌兰属。多年生草本植物。茎粗短。叶呈莲座式排列，叶刚直，肉质，剑形，初被白霜，后渐脱落而呈深蓝绿色，表面凹，背面凸，叶缘无刺或偶而具刺，顶端有 1 硬尖刺，刺红褐色。圆锥花序粗壮；花黄绿色，有浓烈的气味；花被裂片卵状披针形；雄蕊 6，着生于花被裂片基部，花丝黄色，丁字形着生；子房长圆形，下位，3 室，胚珠多数，花柱线形，柱头稍膨大，3 裂。蒴果长圆形。

　　生境：栽培植物。抗风耐盐耐旱。

　　分布：永兴岛有栽培。海南各地均有栽培。中国南部、西南部有引种或逸为野生。原产墨西哥。

202
203

图为剑麻，拍摄于永兴岛　　　　图为剑麻，拍摄于甘泉岛

朱蕉

Cordyline fruticosa (Linn.) A. Chevalier

　　龙舌兰科，朱蕉属。灌木状。直立，有时稍分枝。叶聚生于茎或枝的上端，矩圆形至矩圆状披针形，绿色或带紫红色，叶柄有槽，基部变宽，抱茎。圆锥花序，侧枝基部有大的苞片，每朵花有 3 枚苞片；花淡红色、青紫色至黄色；花梗通常很短；外轮花被片下半部紧贴内轮而形成花被筒，上半部在盛开时外弯或反折；雄蕊生于筒的喉部，稍短于花被；花柱细长。花期 11 月至翌年 3 月。

　　生境：栽培植物。耐盐耐旱。

　　分布：永兴岛、赵述岛。三亚、五指山、万宁、琼中、海口有栽培。华南以及福建有栽培或逸为野生。世界热带地区广泛栽培。

图为朱蕉，拍摄于赵述岛

棕榈科

Arecaceae

短穗鱼尾葵

Caryota mitis Lour.

　　棕榈科，鱼尾葵属。丛生小乔木。茎绿色，表面被微白色的毡状绒毛。叶下部羽片小于上部羽片；羽片呈楔形或斜楔形，外缘笔直，内缘 1/2 以上弧曲成不规则的齿缺，且延伸成尾尖或短尖，淡绿色，幼叶较薄，老叶近革质；叶柄被褐黑色的毡状绒毛；叶鞘边缘具网状的棕黑色纤维。佛焰苞与花序被糠秕状鳞秕，花序短，具密集穗状的分枝花序；雄花萼片宽倒卵形，顶端全缘，具睫毛，花瓣狭长圆形，淡绿色，雄蕊 15-20（25）枚，几无花丝；雌花萼片宽倒卵形，顶端钝圆，花瓣卵状三角形；退化雄蕊 3 枚。果球形，成熟时紫红色，具 1 颗种子。花期 4-6 月，果期 8-11 月。

　　生境：生长在山谷林中或植于庭院。常见。

　　分布：永兴岛。三亚、昌江、白沙、保亭、陵水、万宁、文昌。越南、缅甸、马来西亚、印度尼西亚、菲律宾、印度也有分布。

图为短穗鱼尾葵，拍摄于永兴岛

散尾葵

Chrysalidocarpus lutescens H. A. Wendl.

　　棕榈科，散尾葵属。丛生灌木或小乔木。叶羽状全裂，平展而稍下弯，羽片 40-60 对，2 列，黄绿色，表面有蜡质白粉，披针形，先端长尾状渐尖并具不等长的短 2 裂；叶柄及叶轴光滑，黄绿色，上面具沟槽，背面凸圆；叶鞘长而略膨大，通常黄绿色，被蜡质白粉；花序生长在叶鞘之下，呈圆锥花序式，具 2-3 次分枝，分枝花序上有 8-10 个小穗轴；花小，卵球形，金黄色，螺旋状着生于小穗轴上；雄花萼片和花瓣各 3 片，上面具条纹脉，雄蕊 6；雌花萼片和花瓣与雄花的略同，子房 1 室，具短的花柱和粗的柱头；果实略为陀螺形或倒卵形，鲜时土黄色，干时紫黑色，外果皮光滑，中果皮具网状纤维；种子略为倒卵形，胚乳均匀，中央有狭长的空腔，胚侧生。花期 5 月，果期 8 月。

　　生境：栽培植物。性喜温暖湿润，耐旱不耐寒。

　　分布：赵述岛。万宁、海口有栽培。华南以及台湾有引种。原产马达加斯加。

图为散尾葵，拍摄于赵述岛

椰子

Cocos nucifera Linn.

　　棕榈科，椰子属。乔木。茎粗壮，有环状叶痕，基部增粗，常有簇生小根。叶羽状全裂；裂片多数，外向折叠，革质，线状披针形，顶端渐尖。花序腋生，多分枝；佛焰苞纺锤形，厚木质，老时脱落；雄花萼片3片，鳞片状，花瓣3枚，卵状长圆形，雄蕊6枚；雌花基部有小苞片数枚；萼片阔圆形，花瓣与萼片相似，但较小。果卵球状或近球形，顶端微具三棱，外果皮薄，中果皮厚纤维质，内果皮木质坚硬，基部有3孔，其中的1孔与胚相对，萌发时即由此孔穿出，其余2孔坚实，果腔含有胚乳（果肉或种仁），胚和汁液（椰子水）。花果期主要在秋季。

　　生境：栽培植物。也作经济树种，果可食用。抗风耐盐耐旱。海岸防护林重要树种。

　　分布：永兴岛、赵述岛、西沙洲、北岛、南沙洲、晋卿岛、鸭公岛、银屿。海南各地有栽培。广东南部诸岛及雷州半岛、台湾及云南南部热带地区有分布。亚洲热带海岸地区广布。

图为椰子，拍摄于永兴岛

酒瓶椰子

Hyophorbe lagenicaulis (L.H.Bailey) H.E.Moore

　　棕榈科，酒瓶椰属。乔木。茎单生，基部膨大如酒瓶，叶痕显著；1 回羽状复叶集生茎端，拱形、旋转，叶柄长，羽片可达 100 枚，整齐排成 2 列；有时羽片和叶柄边缘带红色；果实卵圆形。

　　生境：生长在海拔 700m 以下至海滨及热带草原地区。栽培植物。喜光，喜温暖湿润，不耐寒。

　　分布：永兴岛。海南各地有栽培。华南有栽培。原产马斯卡林岛。

图为酒瓶椰子，拍摄于永兴岛

蒲葵

Livistona chinensis (Jacq.) R. Br.

棕榈科，蒲葵属。乔木。叶宽肾状扇形，掌状深裂至中部，裂片线状披针形，2 深裂，先端裂成 2 丝状下垂小裂片，两面绿色；叶柄下部两侧有短刺；肉穗圆锥花序，腋生，约 6 个分枝花序，总梗具 6-7 佛焰苞，佛焰苞棕色，管状，坚硬；花小，两性，黄绿色；花萼裂至基部呈3 个宽三角形裂片，裂片覆瓦状排列；花冠约 2 倍长于花萼，几裂至基部；雄蕊 6，花丝合生成环；核果椭圆形，黑褐色；种子椭圆形。花果期 4 月。

生境： 栽培植物。喜温暖湿润的气候条件，不耐旱。

分布： 永兴岛、赵述岛、银屿。海南各地有栽培。华南地区有分布。日本也有分布。

图为蒲葵，拍摄于赵述岛

海枣

Phoenix dactylifera L.

棕榈科，刺葵属。乔木；茎具宿存叶柄基部，上部叶斜升；叶羽片线状被针形，灰绿色，具龙骨突起，2片或3片聚生，被毛，下部羽片呈针刺状；叶柄细长，扁平；佛焰苞长，大而肥厚；密集的圆锥花序；雄花具短梗，白色；花萼杯状，先端具3钝齿；花瓣3，斜卵形；雄蕊6，花丝极短；雌花近球形，具短梗；花萼与雄花相似，花后增大，短于花冠1-2倍；花瓣圆形；退化雄蕊6，鳞片状；果长圆形或长圆状椭圆形，成熟时深橙黄色，果肉肥厚；种子1，扁平，两端尖，腹面具纵沟。花期3-4月，果期9-10月。

生境：栽培植物。喜温暖湿润的环境，喜光又耐阴，耐盐耐旱。

分布：永兴岛。福建、广东、广西、云南等省（区）有栽培。原产西亚和北非。

海枣是干热地区重要果树作物之一，且有大面积栽培，尤以伊拉克为多，占世界的1/3。除果实供食用外，其花序汁液可制糖，叶可造纸，树干作建筑材料与水槽，树形美观，常作观赏植物。

图为海枣，拍摄于永兴岛

露兜树科

Pandanaceae

红刺露兜（扇叶露兜树）

Pandanus utilis Borg.

露兜树科，露兜树属。乔木或灌木状，多分枝，干光滑，支柱根粗大。叶螺旋生长，直立，长披针形，叶缘及背面中脉有细小红刺。花单性异株，雄花序下垂，花丝长。花具芳香。聚花果圆球形或长圆形，下垂。

生境： 栽培植物。喜阳喜温，喜湿也耐旱。

分布： 永兴岛、赵述岛、北岛、晋卿岛、银屿。海南各地有栽培。华南地区有栽培。原产马达加斯加，全世界亚热带和热带地区有栽培。

210
211

图为红刺露兜，拍摄于永兴岛

露兜树

Pandanus tectorius Soland.

露兜树科，露兜树属。常绿灌木或小乔木，常左右扭曲，具多分枝或不分枝气根；叶簇生于枝顶，3 行螺旋状排列，条形，先端长尾尖，叶缘和背面中脉有粗壮锐刺；雄穗状花序；佛焰苞长披针形，近白色，边缘和背面中脉具细锯齿；雄花芳香，雄蕊 10(25) 枚，总状排列；雌花序头状，单生于枝顶，圆球形；佛焰苞多枚，乳白色，边缘具疏密相间细锯齿，心皮 5-12 成束，中下部连合，上部分离，子房 5-12 室，每室 1 胚珠；聚花果悬垂，具 40-80 核果束，圆球形或长圆形，成熟时橘红色；核果束倒圆锥形，宿存柱头呈乳头状、耳状或马蹄状。花期 1-5 月。

图为露兜树，拍摄于甘泉岛

生境：生长在海边沙地或引种作绿篱，抗风耐盐耐旱。

分布：永兴岛、西沙洲、赵述岛、甘泉岛。乐东、万宁、儋州、定安、琼海和南沙群岛。福建、台湾、广东、广西、贵州和云南有分布。亚洲热带地区和澳大利亚以及太平洋岛屿也有分布。

莎草科

Cyperaceae

香附子

Cyperus rotundus Linn.

　　莎草科，莎草属。草本。茎秆细，锐三棱状，基部呈块茎状；叶稍多，短于秆，平展；叶鞘棕色，常裂成纤维状；小穗斜展开，线形，具8-28朵花；鳞片稍密覆瓦状排列，卵形或长圆状卵形；雄蕊3，花药线形；花柱长，柱头3，细长；小坚果长圆状倒卵形，三棱状，具细点；抽穗期全年。花果期5-11月。

　　生境：生长在山坡荒地、耕地、空旷草丛或水边潮湿处。耐盐耐旱。常见。

　　分布：永兴岛、赵述岛、北岛、晋卿岛、东岛、甘泉岛、银屿。三亚、乐东、东方、昌江、万宁、儋州、澄迈、定安和南沙群岛。中国除东北外，全国各省（区）都有分布。广布于温带和热带地区。

图为香附子，
拍摄于甘泉岛

禾本科

Poaceae

青皮竹

Bambusa textilis McClure.

　　禾本科，簕竹属。乔木型。茎竿高，尾梢弯垂，下部挺直；节间绿色，幼时被白蜡粉，并贴生或疏或密的淡棕色刺毛，以后变为无毛，竿壁薄；节处平坦，无毛；秆箨脱落，秆箨顶端斜拱形，背面贴生柔毛，后脱落；箨耳小，不等大，大耳披针形，小耳长圆形；箨舌有细齿或细条裂；箨叶直立，窄长三角形，易脱落；秆下部数节常无分枝，枝条纤细；叶线状披针形或窄披针形，叶鞘无毛；子房宽卵球形，顶端增粗而被短硬毛，基部具子房柄，被短硬毛，柱头 3，羽毛状。成熟颖果未见。

　　生境：栽培植物。常栽培于低海拔地区的河边、村落附近。

　　分布：赵述岛。万宁有栽培。广东和广西，现西南、华中、华东各地均有引种栽培。

图为青皮竹，拍摄于赵述岛

银边草

Arrhenatherum elatius f.variegatum

禾本科，燕麦草属。常绿草本。秆基部膨大呈念珠状；叶片较长，具黄白色边缘，叶鞘松弛，平滑无毛，短于或基部者长于节间；秆生叶舌膜质，顶端钝或平截；叶片扁平，粗糙或下面较平滑。圆锥花序疏松，灰绿色或略带紫色，有光泽，分枝簇生，直立，粗糙；颖点状粗糙；外稃先端微2裂，1/3以上粗糙，2/3以下被稀疏柔毛，具7脉，第一小花雄性，仅具3枚雄蕊，花药黄色，第二小花两性，雌蕊顶端被毛。花期6-8月。

生境：栽培植物。耐寒又耐旱。

分布：赵述岛。海南各地有栽培。原产欧洲。

图为银边草，
拍摄于赵述岛

蒺藜草

Cenchrus echinatus Linn.

禾本科，蒺藜草属。一年生草本。秆基部膝曲或横卧地面而于节处生根，下部节间短且常具分枝；叶鞘松弛，压扁具脊；叶片线形或狭长披针形，质软；总状花序直立；花序主轴具棱粗糙；刺苞呈稍扁圆球形，刚毛在刺苞上轮状着生，具倒向粗糙，直立或向内反曲，刺苞背部具较密的细毛和长绵毛，刺苞裂片于1/3或中部稍下处连合，边缘被白色纤毛，刺苞基部收缩呈楔形，总梗密具短毛，每刺苞内具小穗2-4（6）个，小穗椭圆状披针形，顶端较长渐尖，含2小花；颖薄质或膜质；颖果椭圆状扁球形，背腹压扁，种脐点状。花果期夏季。

生境：生长在近海边的沙地上。耐盐耐旱。

分布：永兴岛。三亚、南沙群岛。台湾、云南有分布。日本、印度、缅甸、巴基斯坦以及密克罗尼西亚群岛、波利尼西亚群岛也有分布。

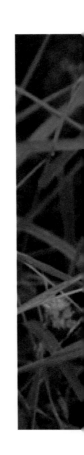

图为蒺藜草，拍摄于永兴岛

龙爪茅

Dactyloctenium aegyptium (Linn.)Beauv.

禾本科，龙爪茅属。一年生草本。秆直立，基部横卧，节处生根且分枝；叶鞘松散，边缘被柔毛，叶舌膜质，顶端具纤毛；叶扁平，先端尖或渐尖，两面被疣基毛；穗状花序 2-7 个指状排列于秆顶，具 3 小花；第一颖沿脊具短硬纤毛，第二颖先端具短芒；外稃脊被短硬毛；内稃与第一外稃近等长，先端 2 裂，背部具 2 脊，背缘有翼，翼缘具细纤毛；鳞被 2，具 5 脉；囊果球形；花果期 5-10 月。

生境：生长在山坡、草地或耕地。耐旱。

分布：赵述岛、北岛。昌江和南沙群岛。全世界热带、亚热带地区广泛分布。

图为龙爪茅，拍摄于北岛

牛筋草

Eleusine indica (Linn.) Gaertn.

　　禾本科，䅯属。一年生草本。秆丛生，基部倾斜；叶鞘两侧扁而具脊，根系发达；叶松散，无毛或疏生疣毛；叶线形，无毛或上面被疣基柔毛；穗状花序 2-7 个指状着生秆顶，稀单生；小穗具 3-6 小花；颖披针形，脊粗糙；第一外稃卵形，膜质，脊带窄翼；内稃短于外稃，具 2 脊，脊具窄翼；鳞被 2，折叠，具 5 脉；囊果卵圆形，基部下凹，具波状皱纹。花果期夏、秋季。

　　生境：生长在荒地。耐盐耐旱。

　　分布：赵述岛、晋卿岛、银屿。乐东、东方、昌江、白沙和南沙群岛。国内各省份多有分布。世界温带和热带地区广泛分布。

图为牛筋草，拍摄于晋卿岛

红毛草

Melinis repens (Willdenow) Zizka

禾本科，糖蜜草属。草本。根茎粗壮。秆直立，常分枝，节间常具疣毛，节具软毛。叶鞘松弛，大都短于节间，下部亦散生疣毛；叶片线形。圆锥花序开展，分枝纤细；小穗柄纤细弯曲，顶端稍膨大，疏生长柔毛；小穗常被粉红色绢毛；第一颖小，长圆形，具1脉，被短硬毛；第二颖和第一外稃具脉，被疣基长绢毛，顶端微裂，裂片间生1短芒；第一内稃膜质，具2脊，脊上有睫毛；第二外稃近软骨质，平滑光亮；雄蕊3；花柱分离，柱头羽毛状；鳞被2，折叠，具5脉。花果期6-11月。

生境：生长在路边、荒地。耐旱。常见。

分布：永兴岛、西沙洲、北岛。三亚、昌江、白沙、澄迈、海口。广东、台湾有分布。原产热带非洲。

图为红毛草，拍摄于西沙洲

沙丘草（蒭雷草）

Thuarea involuta (Forst.) R. Br. ex Roem. et Schult.

　　禾本科，砂滨草属。多年生草本；秆匍匐地面，节处向下生根，向上抽出叶和花序；叶鞘松弛，疏被柔毛，或仅边缘被毛；叶舌极短，有白色短纤毛；叶片披针形，通常两面有细柔毛，边缘常部分地波状皱折；穗状花序；佛焰苞顶端尖，背面被柔毛，基部的毛尤密，脉多而粗；穗轴叶状。花果期 4-12 月。

　　生境：生长在海岸沙滩。耐盐耐旱。

　　分布：永兴岛、赵述岛、甘泉岛、晋卿岛、银屿、南岛、北岛、南沙洲。三亚、陵水、万宁和南沙群岛。广东、台湾有分布。东南亚、大洋洲以及马达加斯加也有分布。

图为沙丘草，
拍摄于南沙洲

玉蜀黍（玉米）

Zea mays Linn.

禾本科，玉蜀黍属。一年生草本。秆直立，通常不分枝，基部各节具气生支柱根。叶鞘具横脉；叶舌膜质；叶片扁平宽大，线状披针形，基部圆形呈耳状，无毛或具疣柔毛，中脉粗壮，边缘微粗糙。顶生雄性圆锥花序大型，主轴与总状花序轴及其腋间均被细柔毛；雄性小穗孪生，小穗柄一长一短，被细柔毛；两颖近等长，膜质，约具 10 脉，被纤毛；外稃及内稃透明膜质，稍短于颖；花药橙黄色。雌花序被多数宽大的鞘状苞片所包藏；雌小穗孪生，呈 16-30 纵行排列于粗壮之序轴上，两颖等长，宽大，无脉，具纤毛；外稃及内稃透明膜质，雌蕊具极长而细弱的线形花柱。颖果球形或扁球形，成熟后露出颖片和稃片之外。花果期夏秋季。

生境：栽培植物。喜阳喜湿不耐旱。

分布：永兴岛有栽培。乐东、东方、白沙、万宁、琼中。海南各地常见栽培。原产中美洲、南美洲，现全球广泛栽植。

图为玉蜀黍，拍摄于永兴岛

细叶结缕草

Zoysia pacifica (Goudswaard) M. Hotta & S. Kuroki

　　禾本科，结缕草属。多年生草本。具匍匐茎。秆纤细。叶鞘无毛，紧密裹茎；叶舌膜质，顶端碎裂为纤毛状，鞘口具丝状长毛；小穗窄狭，黄绿色，有时略带紫色，披针形；第一颖退化，第二颖革质，顶端及边缘膜质，具不明显的5脉；外稃与第二颖近等长，具1脉，内稃退化；无鳞被；花柱2，柱头帚状。颖果与稃体分离。花果期8-12月。

　　生境：绿化栽培植物。喜光不耐阴，喜湿不耐旱。

　　分布：永兴岛、赵述岛、北岛。海南有栽培。我国南部地区有分布。日本、菲律宾、泰国、太平洋岛屿也有分布。

图为细叶结缕草，拍摄于北岛

虎尾草

Chloris virgata Sw.

禾本科，虎尾草属。一年生草本。秆直立，光滑无毛。叶鞘背部具脊，包卷松弛，无毛；叶舌无毛或具纤毛；叶片线形，两面无毛或边缘及上面粗糙。穗状花序 5 至 10 余枚，指状着生于秆顶，常直立而并拢成毛刷状，有时包藏于顶叶之膨胀叶鞘中，成熟时常带紫色；小穗无柄；第一小花两性，外稃纸质，两侧压扁，呈倒卵状披针形，3 脉，沿脉及边缘被疏柔毛或无毛，两侧边缘上部 1/3 处有白色柔毛，顶端尖有时具 2 微齿，芒自背部顶端稍下方伸出；内稃膜质，略短于外稃，具 2 脊，脊上被微毛；基盘具毛；第二小花不孕，长楔形，仅存外稃，顶端截平或略凹，自背部边缘稍下方伸出。颖果纺锤形，淡黄色，光滑无毛而半透明，胚长约为颖果的 2/3。花果期 6-10 月。

生境： 多生于路旁荒野、河岸沙地、土墙及房顶上。

分布： 赵述岛。海南各地。遍布于全国各省份。两半球热带至温带均有分布，海拔可达 3 700 m。

图为虎尾草，拍摄于赵述岛

种中文名索引（按笔画）

一点红,152

人心果,129

三点金,105

土牛膝（南蛇牙草）,018

大花蒺藜,026

小叶榄仁,060

小花龙血树（海南龙血树）,196

小酸浆,175

千根草,083

飞扬草,081

飞机草,154

马齿苋,016

马缨丹,191

无根藤,005

木麻黄,112

少花龙葵,178

水芫花,030

水鬼蕉,201

牛筋草,219

长羽裂萝卜,012

长春花,135

长梗星粟草（簇花粟米草）,013

长管牵牛（管花薯）,183

反枝苋,020

凤凰木,097

火殃簕（金刚纂）,085

心叶落葵薯,028

巴西含羞草,094

玉蜀黍（玉米）,222

龙爪茅,218

龙珠果,037

龙眼睛（小果叶下珠）,087

仙人掌,052

白花黄细心,033

白花曼陀罗（洋金花）,173

白避霜花（抗风桐）,173

丝瓜,047

西瓜,038

西印度樱桃（光叶金虎尾）,071

灰叶（灰毛豆）,106

灰莉,130

夹竹桃,137

光叶丰花草,148

吊瓜树（吊灯树，腊肠树）,184

朱蕉,204

华南毛蕨,001

华黄细心,032

伞房花耳草,143

多毛马齿苋,017

米仔兰,121

羽芒菊,161

红毛草,220

红瓜,040

红鸡蛋花,138

红刺露兜（扇叶露兜树）,211

红厚壳,061

红鳞蒲桃（红车）,056

苏铁,003

含羞草,095

沙丘草（蒭雷草）,221

鸡蛋花,139

青皮竹,214

青葙,025

苦瓜,049

苦郎树,188

苦楝（楝）,123

茄,176

刺苋,023

刺果苏木,096

软枝黄蝉,132

虎尾草,224

肾蕨,002

使君子,057

金边龙舌兰,202

变叶木,076

夜香树,172

宝巾（三角梅，光叶子花）,034

空心莲子草（喜旱莲子草）,024

空心菜（蕹菜）,179

降香檀（花梨）,111

细叶结缕草,223

草海桐,164

胡萝卜,128

南瓜,044

南美蟛蜞菊,158

厚叶榕,117

厚藤,181

韭菜（韭）,200

香丝草, 151

香附子, 213

秋枫, 074

重瓣朱瑾, 067

鬼针草, 149

剑麻, 203

孪花蟛蜞菊, 159

美蕊花（朱缨花）, 091

姜, 195

洋蒲桃（莲雾）, 055

官粉龙船花, 145

短豇豆（眉豆）, 110

莲叶桐, 007

豇豆（豆角）, 109

圆叶黄花稔, 069

笔管榕, 115

臭矢菜, 009

皱子白花菜, 010

高山榕, 114

旅人蕉, 193

酒瓶椰子, 208

海人树, 119

海刀豆, 104

海马齿, 014

海巴戟天（海滨木巴戟）, 146

海岛棉, 066

海枣, 210

海岸桐, 141

海滨大戟, 078

宽叶十万错, 186

基及树, 166

黄瓜, 041

黄丽鸟蕉（黄蝎尾蕉）, 194

黄葛树, 116

黄槐决明, 099

黄槿（黄木槿）, 068

野芋, 197

野苋, 022

蛇婆子, 064

蛇藤, 118

银毛树, 168

银边草, 215

银合欢, 092

甜瓜, 043

假马鞭, 192

假连翘, 190

假臭草, 157

麻叶铁苋菜, 072

绿萝, 198

琴叶珊瑚, 086

斑叶鹅掌藤, 127

葫芦瓜, 046

散尾葵, 206

葱, 199

椰子, 207

酢浆草, 029

铺地刺蒴麻, 063

链荚豆, 102

短叶罗汉松, 004

短穗鱼尾葵, 205

鹅掌藤, 126

番木瓜, 050

番石榴, 054

番茄, 171

番薯, 180

猩猩草, 080

粪箕笃, 008

疏刺茄, 177

蓖麻, 089

蒺藜, 027

蒺藜草, 216

蒲葵, 209

榄仁树, 058

滨豇豆, 108

榛叶黄花棯, 070

酸豆, 101

辣椒, 170

翠芦莉（蓝花草）, 185

澳洲鸭脚木, 125

薇甘菊, 156

橙花破布木, 167

磨盘草, 065

糖胶树, 133

露兜树, 212

鳢肠, 163